中国主要葡萄害虫识别与防治原色图谱

朱　亮　马　罡　马春森　主编
林清彩　张　薇　副主编

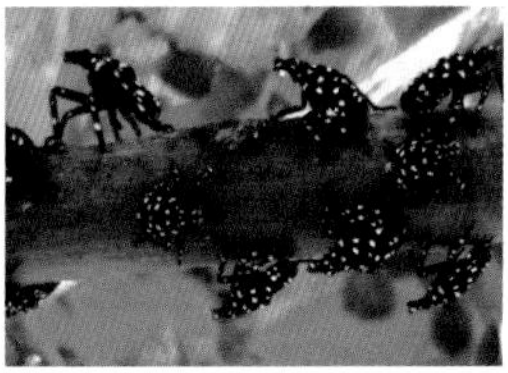

中国农业科学技术出版社

图书在版编目（CIP）数据

中国主要葡萄害虫识别与防治原色图谱 / 朱亮，马罡，马春森主编. --北京：中国农业科学技术出版社，2022. 11
ISBN 978-7-5116-5996-5

Ⅰ. ①中…　Ⅱ. ①朱…②马…③马…　Ⅲ. ①葡萄－病虫害防治－图谱　Ⅳ. ①S436.631-64

中国版本图书馆CIP数据核字（2022）第207879号

责任编辑　于建慧
责任校对　李向荣
责任印制　姜义伟　王思文

出 版 者　中国农业科学技术出版社
北京市中关村南大街12号　　邮编：100081
电　　话　（010）82109708（编辑室）　（010）82109702（发行部）
（010）82109709（读者服务部）
网　　址　https: // castp.caas.cn
经 销 者　各地新华书店
印 刷 者　北京中科印刷有限公司
开　　本　148 mm × 210 mm　1/32
印　　张　3.75
字　　数　96千字
版　　次　2022年11月第1版　　2022年11月第1次印刷
定　　价　36.00元

前　言

PREFACE

葡萄是我国重要的经济作物。根据2016年联合国粮食及农业组织统计，我国葡萄种植面积达到1 265万亩，占全世界葡萄种植面积的12%；年度总产量达1 484万t，占全世界葡萄总产量的19%。因此，我国是世界葡萄生产第一大国。近年来，随着我国人民物质生活水平的提高，对鲜食葡萄和葡萄酒的需求量均逐渐增大，使得鲜食和酿酒葡萄的种植面积依然不断提升，葡萄产业也顺势成为很多地区支持农业经济发展的重要途径。在国家葡萄产业技术体系协助下，我国葡萄产业涉及的育种、栽培等技术飞速发展，保证了全国各产区不同葡萄品种产量的稳固增长。然而，葡萄品种、栽培方式、区域气候的多样化以及频繁的葡萄贸易往来同样也带来了更为复杂多样的葡萄害虫发生方式，导致果蝇、蓟马、金龟子、螨类、蚜虫、绿盲蝽、叶蝉、介壳虫等一些区域化常发葡萄害虫突破地理格局限制在全国扩散，并且加重为害，还导致了一些不常见的害虫零星爆发，如葡萄虎天牛、桑盾蚧、葡萄卷叶象甲、葡萄沟顶叶甲、黑刺粉虱、二突异翅长蠹等。另外，害虫种类和发生规律的复杂化，使得种植户对害虫种类识别和发生规律均易出现偏差，对药剂的使用方式难以把控，导致农药滥用的情况时有发生，从而无法达到防治效果，还增加了害虫的抗药性，进而影响了葡萄的产量和质量。面对葡萄害虫对产业影响的新形势，亟待对近年来我国葡萄产区流行的常发和新型害虫的为害、形态识别特征、发生规律以及防治方法进行系统总结和梳理。为了满足该需求，我们编写了《中国主要葡萄害虫识别与防治原色图谱》。

本书为了贴近生产需求，根据害虫为害葡萄的具体部位（叶、梢、梗、花、果实、枝干、根）进行分类，系统描述了我国葡萄产区近年来流行的昆虫纲和蛛形纲的共9个目45种害虫害螨的分布与寄主、为害症状、形态特征、发生规律和防治方法。其中，有20个物种图片及信息在其他葡萄病虫害图谱类书籍中从未系统展示或描述，如葡萄沟顶叶甲、葡萄肖叶甲、葡萄二黄斑叶蝉、绿长突叶蝉、斑翅果蝇、鸟嘴壶夜蛾、普通黄胡蜂、墨胸胡蜂、橘小实蝇、红缘亚天牛、光华足距小蠹、二突异翅长蠹、洁长棒长蠹、桑盾蚧、东方肾圆盾蚧、西花蓟马、斜纹夜蛾、苹毛丽金龟、中华弧丽金龟等，成为本书的一大亮点。书中涉及的每个物种均是编者（国家葡萄产业技术体系虫害防控岗位团队成员）2017—2022年在全国主要葡萄产区（30余个地区）实地调研中发现，因此，本书所述害虫分布和发生规律紧密结合了近年来我国葡萄生产虫害问题的实际情况，与时俱进。另外，本书包含了每种害虫为害葡萄的实地拍摄照片和大量的害虫识别特征（田间识别和室内鉴定）的图片，无论对研究人员、企业以及普通种植户均具有重要的参考价值，有助在田间第一时间识别害虫种类。此外，编者通过查阅资料和亲身经历还系统总结了针对每种害虫的多种绿色防控技术，为相关人员提供了重要的技术指导资料。

本书出版源自于国家葡萄产业技术体系虫害防控岗位团队共同努力的结果。书中大量为害葡萄害虫的实地照片为马罡和马春森老师以及体系内其他老师在指导生产时拍摄，文字内容是朱亮、林青彩、张薇博士的系统梳理、总结，以及编者们反复雕琢的成果。本书的出版，得到了现代农业产业技术体系（CARS-29-bc-4）的资助，得到了国家葡萄产业技术体系病虫草害研究室王忠跃、王琦、李兴红、董雅凤、刘永强老师的帮助和支持，得到了体系内首席科学家段长青教授及其他岗位科学家和综合试验站老师的帮助和支持，得到了中国农业科学院徐学农老师、北京林业大学武三安老师、北京市农林科学院石宝才和虞国跃老师在虫害鉴定和防控技术方面的帮助和支持，在此一并表示真诚的感谢。

编　者

2022年6月23日

目 录

CONTENTS

第一部分 为害叶片、梢、梗类害虫

第二部分 为害花、果类害虫

第三部分　为害枝干类害虫

第四部分　为害葡萄多部位害虫

第一部分

为害叶片、梢、梗类害虫

1 葡萄虎蛾 *Sarbanissa subflava* Moore

别名葡萄修虎蛾、葡萄虎斑蛾、葡萄黏虫等，属鳞翅目夜蛾科虎蛾亚科修虎蛾属。

分布与寄主 国内：辽宁、黑龙江、河北、山东、河南、山西、江西、广东、湖北、贵州等地。国外：朝鲜半岛、日本等。

主要为害葡萄、常春藤、爬山虎等。

为害症状 葡萄虎蛾幼虫取食叶片，叶片出现缺刻或孔洞（图1-1），严重时叶片被吃光，仅留叶柄及叶基主脉，还能咬断穗轴及果梗，造成减产。

图1-1 幼虫为害造成叶片缺刻

形态特征 卵：红褐色半球形，半径约0.9 mm，顶端有1黑点。

幼虫：前端较细，后端较粗，第8腹节明显隆起。头部、前胸盾片和臀板橘黄色，全身背面布满黑褐色毛突，着生白色长毛；腹部各节背面白色，散布不规则黑褐色斑纹；胸足黑褐色，腹足黄色，趾钩单序中带（图1-2）。

蛹：长16～18 mm，暗红褐色。体背及腹面密布微刺，第8、第9腹节背面各有1对黑色突起，腹末方形，两侧有角状突起。

图1-2　幼虫

成虫：体长18～20 mm，翅展38～49 mm，头、胸紫棕色，颈板及后胸端部暗蓝色，足与腹部黄色，腹背1列紫棕色斑。前翅灰黄色，密布紫棕色细点，后缘及外缘大部紫棕色，内线灰黄色，翅中央各有1紫棕色灰黄边的环纹与肾纹，外缘横线2条灰黄色，亚端线灰白色锯齿形，翅脉灰黄色。后翅杏黄色，外缘有1紫棕色宽带，近臀角1褐黄斑，中室1暗灰斑。

发生规律　葡萄虎蛾在华北地区1年发生2代，以蛹在葡萄根部或葡萄架下的土中壤越冬。5月中旬成虫羽化，于叶背、嫩梢处产卵；6月中下旬第1代幼虫陆续孵化，取食叶片。8月上中旬出现第2代成虫，8月中旬至9月中旬为第2代幼虫为害期，9月下旬至10月上旬老熟幼虫钻入土中化蛹越冬。

防治方法　农业防治：葡萄成熟期或采收后，在葡萄架下铺设木板引诱化蛹；早春在葡萄根附近及葡萄架下，挖除越冬蛹，以减少当年的发生量。

物理防治：葡萄开花期及转色期，在园内安装诱虫灯诱捕成虫，葡萄坐果后针对葡萄整枝捕杀幼虫。

化学防治：葡萄春芽萌发时喷施0.5°Bé石硫合剂；在葡萄小幼果期喷施杀虫剂1～2次，可选用20%氰戊菊酯乳油4 000倍液，或5%溴氰菊酯乳油2 000倍液，或4.5%溴氰菊酯乳油2 000倍液，或2.5%高效氯氟氰菊酯乳油2 000倍液等杀虫剂。

2 葡萄卷叶野螟 *Sylepta luctuosalis* Guenée

别名葡萄叶螟、葡萄卷叶螟，属鳞翅目螟蛾科卷叶野螟属。

分布与寄主 国内：黑龙江、陕西、江苏、浙江、四川、贵州、福建、台湾、广东、云南等地区。国外：朝鲜、日本、越南、印度尼西亚、印度、斯里兰卡、俄罗斯（西伯利亚）及欧洲南部、非洲东部等。

主要为害葡萄、野葡萄。

为害症状 葡萄卷叶野螟幼虫吐丝纵卷叶片成圆筒状，并潜居其中啃食为害，造成叶片缺刻（图2-1）。

图2-1 为害症状

形态特征 卵：卵块上有白色绒毛（图2-2）。

图2-2 卵

幼虫：身体黄绿色，头胸及腹末淡黄棕色，背中线墨绿色。头壳末端有两个黑斑，前、中胸及第7腹节各有4个排成1横排的黑斑（图2-3）。

图2-3 幼虫

成虫：翅展31 mm，体灰黑色，腹部每节后端黄白色。头部黑褐色，两侧有白色鳞片。翅灰黑色，前翅基部及外侧有淡黄色纹，翅外侧斑纹弯曲，后翅中央有2个淡黄色长条纹。

发生规律 1年发生2～3代，以老熟幼虫在落叶中或老树皮下越冬，翌年春季化蛹，在陕西太白山地区于7月间羽化成虫。

防治方法 农业防治：结合冬季深耕土地，破坏其越冬场所，杀死越冬幼虫。

物理防治：及时摘除卷叶，清理落地卷叶并集中销毁。

生物防治：保护和利用寄生蜂、草蛉等自然天敌。

化学防治：葡萄园内出现成虫及幼虫时，对树冠喷施杀虫剂1～2次。可选用吡虫啉1 000～2 000倍液，或1.8%阿维菌素乳油3 000倍液，或8%高效氯氰菊酯1 000倍液，或1.8%阿维菌素乳油2 000倍液，或2.5%高效氯氟氰菊酯乳油3 000倍液等。

3 葡萄天蛾 *Ampelophaga rubiginosa*（Bremer & Grey）

别名车天蛾，属鳞翅目天蛾科葡萄天蛾属。

分布与寄主 国内：河北、河南、山东、山西、东北各省、江苏、浙江、江西、安徽、湖北、湖南、四川、陕西、宁夏、广东等地。国外：日本、朝鲜。

主要为害葡萄、黄荆、乌蔹莓等植物。

为害症状 葡萄天蛾幼虫取食葡萄叶片，造成叶片缺刻或孔洞（图3-1），严重时叶片被吃光，仅残留叶柄，导致树势衰弱，降低葡萄产量及质量。

图3-1 为害造成缺刻

形态特征 卵：光滑球形，直径约1.4 mm，单产于新梢叶背边缘，由浅绿色发育至褐绿色。

幼虫：老熟幼虫体长69 ~ 73 mm。头、胸部黄绿色，头、胸背部及两侧有黄色颗粒。前胸背板中线两侧有黄色纵条，上有微小颗粒。腹背部黄绿色，背线绿色较细，两侧有“八”字形的黄色斜纹，亚背线淡黄色。腹面深绿色，气门红褐色。第8节背面有1尖细尾角。3龄前幼虫呈粉绿色，身上的斜纹及各线纹均为白色至乳黄色。

蛹：体长57.9 ~ 60 mm，棕褐至棕黑色。头顶圆弧形，触角极明显。胸部腹面有许多棕褐及黑色散斑。前翅表面有纵列细刻纹，后翅不外露。臀棘尖细。

成虫：翅长45 ~ 50 mm，体翅茶褐色。触角背面黄色，腹面棕色。体背自前胸到腹部末端有1条灰白色纵线。前翅顶角突出，具暗茶褐色横线，中线粗而弯曲，外线细波纹状，近外缘有不明显的棕褐色带，顶角有较宽的三角形斑1个。后翅黑褐色，外缘及后角附近各有茶褐色横带1条，缘毛色稍红。前翅及后翅反面红褐色，各横线黄褐色。

发生规律　我国北方1年发生1～2代，南方1年发生2～3代，以蛹在土下30～70 mm深处越冬。在吉林、北京等发生1代的地区，成虫于6—7月出现，傍晚在叶背和嫩梢上产卵，幼虫于夜间取食叶片，8月中下旬幼虫陆续老熟入土化蛹越冬。在发生2代的地区，成虫分别在5—6月、7—8月出现，幼虫分别于6月中旬、8月上旬开始为害，10月左右老熟幼虫入土化蛹越冬。江西以南等发生3代的地区，成虫分别在4—6月、6—7月和8—9月出现，幼虫有不明显的世代重叠现象，10月下旬以老熟幼虫入土化蛹越冬。

防治方法　农业防治：结合冬春季节土地翻耕，清除越冬蛹，减少越冬虫源。

物理防治：葡萄发芽后在葡萄园内安装诱虫灯、糖醋液等诱集成虫。

生物防治：保护和利用自然天敌赤眼蜂、跳小蜂、捕食螨、草蛉、茧蜂、虎甲等。成虫产卵期可人工释放赤眼蜂防治，在葡萄园内均匀悬挂蜂卡，间隔5～7天放蜂2次，每次每亩地放蜂20 000头。在幼虫发生期，可针对葡萄叶部喷施Bt可湿性粉剂300倍液1～2次；或从田间收集染病毒死亡的幼虫，捣碎制成200倍液喷施1～2次。

化学防治：分别在葡萄幼果膨大期、成熟期等幼虫发生期，对叶部喷施杀虫剂1～2次，采收后施药1次。可用20%氰戊菊酯乳油4 000倍液，或5%溴氰菊酯乳油2 000倍液，或4.5%溴氰菊酯乳油2 000倍液，或2.5%高效氯氟氰菊酯乳油2 000倍液等。

4 甜菜夜蛾 *Spodoptera exigua* Hübner

别名贪夜蛾、玉米夜蛾等，属鳞翅目夜蛾科灰翅夜蛾属。

分布与寄主 国内：华北、华东、华中、华南、西南地区。国外：日本、印度、缅甸、亚洲西部、大洋洲、欧洲、非洲。

为害蔬菜、玉米、棉花、葡萄等170多种植物。

为害症状 甜菜夜蛾幼虫取食叶片。低龄幼虫吐丝结网，聚集于叶背，叶片被取食成窗纱状（图4-1）。高龄幼虫分散把叶片咬食成孔洞或缺刻，严重时只剩叶脉和叶柄。幼虫也啃食葡萄穗轴及果皮，被害后的葡萄植株容易感染灰霉病和白腐病等植物病害。

图4-1 被害叶片

形态特征 卵：半球形或球形，卵粒重叠，形成1～3层卵块，卵块上有白色绒毛，卵粒由白色逐渐发育至暗褐色。

幼虫：1～3龄幼虫体色为浅绿色（图4-2），高龄及老熟幼虫体色较深，体色因取食食物的不同而有灰色、绿至暗绿色、黄褐至黑褐色等（图4-3）。每体节气门后上方各有1个白色斑纹，气门下线为黄白色直达腹末的纵带。

蛹：长约10 mm，由黄褐色逐渐发育至黑棕色。前胸后缘的中胸气门显著外突。腹末有2根臀棘，其上有2根短刚毛。

成虫：翅展19～25 mm，头、胸及前翅灰褐色，腹部浅褐色，后翅灰白色。前翅中央近前缘有粉黄色肾形斑和环形斑，翅脉及端线黑色，外缘线由1列黑色三角形组成。

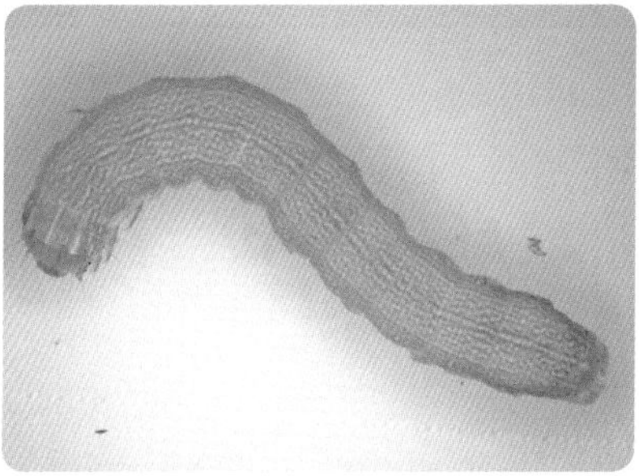

图4-2　低龄幼虫

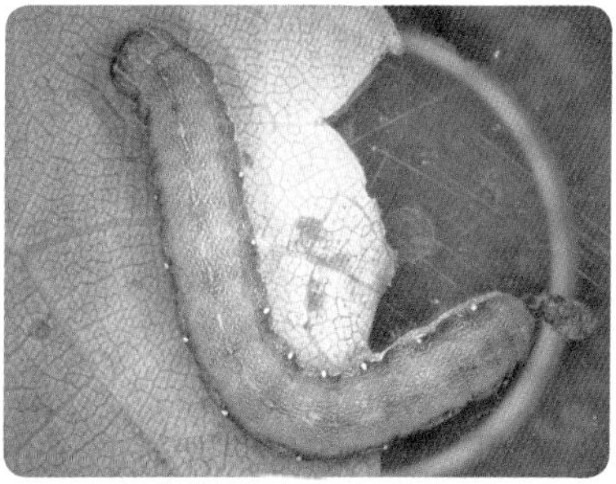

图4-3　老熟幼虫

发生规律　甜菜夜蛾在北京、陕西等地1年发生4～5代，在山东1年发生5～6代，以蛹在土室内越冬。华南地区该虫无越冬现象，可终年繁殖为害。在山东地区，该虫各代卵盛期为1代5月上中旬、2代6月中下旬、3代7月中下旬、4代8月上旬、5代9月上中旬。各代幼虫盛期为1代5月下旬、2代6月下旬至7月上旬、3代7月下旬至8月初、4代8月中旬、5代9月中下旬。该虫为害葡萄的主要是2～4代幼虫。2代幼虫主要为害嫩梢、叶、穗轴及果实的表皮，3代主要为害幼嫩的枝梢、叶片和腋芽等。

防治方法　农业防治：利用甜菜夜蛾在土中化蛹的习性，及时中耕与合理浇灌，适时浇水，破坏其化蛹场所，从而减少虫源基数。人工摘除卵块及低龄幼虫聚集较多的叶片，以及在清晨、傍晚人工捕捉高龄幼虫，均可降低田间虫口密度。

物理防治：葡萄开花前覆盖地膜有利于保温和保湿，形成不利于蛹羽化的生境。葡萄开花期也可安装杀虫灯诱杀成虫。

生物防治：甜菜夜蛾卵期及卵孵化初期，早上或傍晚在田间释放寄生蜂如马尼拉陡胸茧蜂，每亩释放1 000头，甜菜夜蛾发生期内释放3～4次，各地根据实际发生情况可适度调整释放量及释放次数。葡萄落花后甜菜夜蛾发生初期（1～3龄幼虫期），可对新生叶片背面每7～10 d喷施1次3×10^{8}亿PIB/g甜菜夜蛾核型多角体病毒水分散粒剂5 000倍液。在成虫发生初期，使用甜菜夜蛾性诱诱捕器诱捕雄成虫，诱捕器底部距离作物顶部20 cm，每亩设置1个诱捕器，每30～40 d更换诱芯。

化学防治：葡萄落花后甜菜夜蛾发生初期（1～3龄幼虫期）可对新生叶片背面每7～10 d喷施1次杀虫剂。葡萄果实膨大转色期甜菜夜蛾重叠为害期，可间隔5～7 d喷施1次杀虫剂，选用2.5%高效氯氟氢菊酯乳油3 000～4 000倍液，或10%氯虫苯甲酰胺乳油2 500～3 000倍液，或1%甲氨基阿维菌素苯甲酸盐3 000倍液，或25%多杀菌素水分散粒剂1 500～2 000倍液，或10%虫螨腈悬浮剂800～1 200倍喷雾等。

5 斑喙丽金龟 *Adoretus tenuimaculatus* Waterhouse

属鞘翅目丽金龟科喙丽金龟属。

分布与寄主 国内：山东、江苏、上海、浙江、江西、福建、广东、广西、湖南、湖北、贵州、四川、重庆等地。国外：韩国、日本和美国的夏威夷等地。

为害症状 斑喙丽金龟成虫啃食叶片，造成叶片缺损，严重时仅留叶脉（图5-1），是我国南方地区葡萄上主要的食叶性害虫。

形态特征 卵：长1.7～1.9 mm，宽1～1.7 mm，椭圆形，乳白色。

幼虫：幼虫体长16～20 mm，老熟幼虫体长19～21 mm，身体乳白色，头部黄褐色。胸足3对，腹部9节，第9节为9～10节愈合成的臀节。肛腹片散生21～35根刺毛，排列均匀，前部中间无裸区。

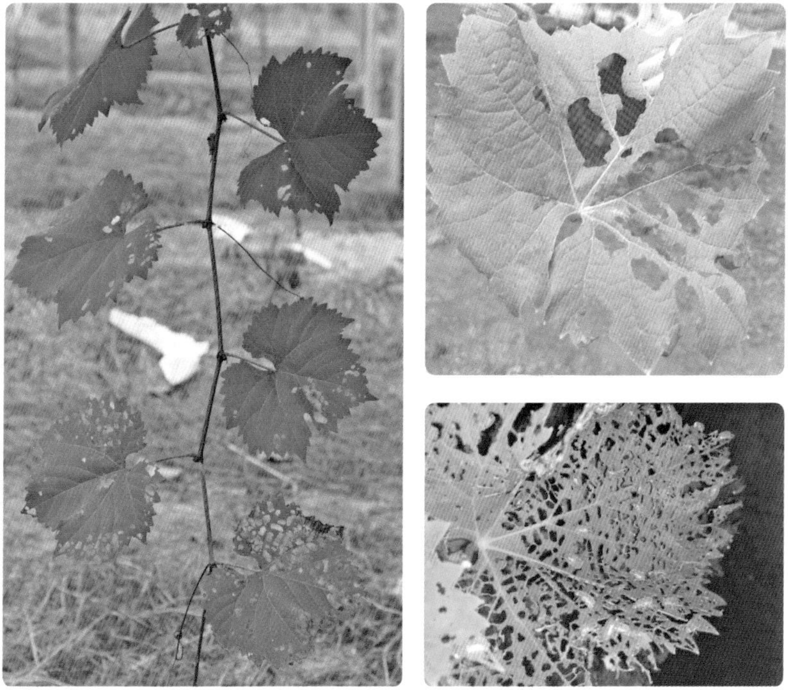

图5-1　为害症状

注：右下图为南京农业大学陶建敏教授拍摄。

蛹：长约10 mm，裸蛹，包裹在老熟幼虫外皮里。前端钝圆，腹部渐尖。

成虫：长9.5～10.5 mm，宽4.7～5.3 mm，褐或棕褐色，腹部色泽较深。体密被乳白披针形鳞片，光泽较暗淡（图5-2）。头大，唇基近半圆形，上唇下方中部向下延伸似喙。触角10节，棒状部3节，雄虫长，雌虫短。前胸背板侧缘呈角状外突，后角近直角。小盾片三角形。鞘翅有3条纵肋可辨，在第1、第2纵肋上常有3～4处鳞片多聚成，呈列白斑。臀板短阔三角形。后足胫节后缘有1个小齿突。

图5-2　成虫

注：国家葡萄产业技术体系南宁综合试验站张瑛研究员拍摄。

发生规律　在江西1年发生2代，以幼虫在表土中越冬。翌年4月中旬至6月上旬开始化蛹，5月上旬越冬代成虫开始羽化为害，5月下旬至7月中旬盛发，成虫产卵于土中，幼虫为害地下组织；第1代成虫于8月下旬至9月上旬盛发，于10月开始越冬。该虫在河北、山东1年发生1代，越冬幼虫于5月中旬化蛹，成虫发生季节为6—7月，10月开始越冬。

防治方法　农业防治：深秋或初冬时翻耕土地，清除越冬幼虫。成虫大量出土后，于夜间摘除并销毁被害叶片。

物理防治：葡萄小幼果期至成熟期在果园四周安装诱虫灯。

化学防治：葡萄小幼果期、果实膨大期及采收后对葡萄叶喷施杀虫剂1～2次以防治成虫，选用苏云金杆菌1 000倍液，或0.5%藜芦碱1 000倍液，或1%苦皮藤素1 000倍液，或球孢白僵菌1 500倍液等杀虫剂。葡萄开花期、果实膨大期在树冠投影范围内地面喷施1%苦皮藤素1 000倍液或苏云金杆菌1 000倍液1～2次，使药与土混匀，以防治幼虫。

6 葡萄沟顶叶甲 *Scelodonta lewisii* Baly

属鞘翅目叶甲科沟顶叶甲属。

分布与寄主 国内：河北、陕西、山东、江苏、浙江、湖北、江西、湖南、福建、台湾、广东、海南岛、广西、贵州、云南等地。国外：日本及越南北部。

主要寄主植物是葡萄。

为害症状 葡萄沟顶叶甲主要以成虫为害葡萄幼嫩组织，嫩叶被害后出现长方形孔洞，新稍、卷须及幼果表皮被啃食后形成暗色条状疮疤（图6-1）。为害严重时叶面呈筛孔状，并导致大量落花落果。

图6-1 嫩茎被害状

形态特征 成虫：体长3.2 ~ 4.5 mm，体宽1.5 ~ 1.8 mm，紫铜色或宝蓝色，具强烈金属光泽；足和触角基部数节与体同色，跗节和触角端节黑色。头和体腹面密被白短毛，头部刻点细密，头顶中央有一条纵沟纹。前胸柱形，背板宽稍大于长，刻点细密，基部及两侧刻点密集呈皱纹状。小盾片略呈方形，横宽，具深刻刻点。鞘翅基部明显宽于前胸，翅面刻点较浅，基部刻点较大，端部刻点细小，中部之前刻点行超过11行；行距上常有小刻点，端部行距稍圆隆。腿节粗壮，无明显的齿（图6-2）。

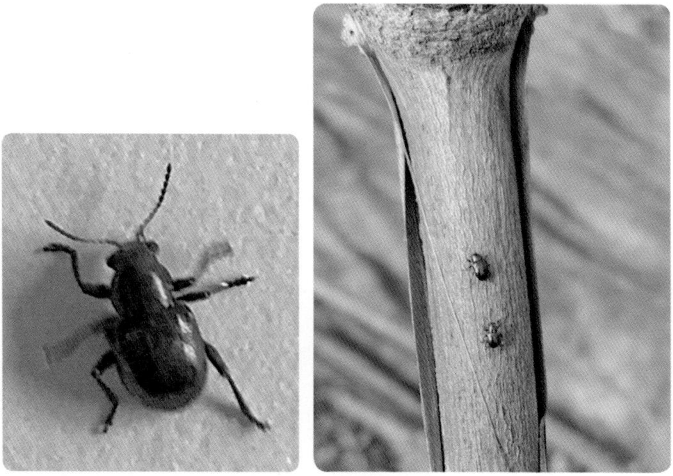

图6-2 成虫

发生规律 陕西、山东等地1年发生1代，成虫在根部表层土壤中越冬。每年3—4月葡萄发芽时成虫上树为害；5月中下旬产卵，卵、幼虫及蛹均在土壤中，幼虫取食嫩根，为害轻微；6月中下旬成虫羽化后继续为害，至葡萄落叶后越冬。

防治方法 农业防治：冬季深耕或根际覆土25 cm以上，盖膜，以降低越冬成虫数量。

物理防治：利用成虫的假死习性，在葡萄发芽期及幼果膨大期等成虫发生时期将成虫震落杀死。

化学防治：分别在葡萄发芽期至开花前及小幼果膨大期，对整树喷施2.5%高效氯氟氰菊酯乳油2 500倍液1～2次。

7 十星瓢萤叶甲 *Oides decempunctatus* Billberg

别名葡萄十星叶甲、葡萄金花虫等。属鞘翅目叶甲科瓢萤叶甲属。

分布与寄主 国内：吉林、甘肃、河北、山西、陕西、山东、河南、江苏、浙江、安徽、湖北、江西、湖南、福建、台湾、广东、海南、广西、四川、贵州等地。国外：朝鲜和越南。

主要寄主植物有葡萄、爬山虎等。

为害症状 十星瓢萤叶甲以成虫和幼虫取食葡萄叶，造成叶片孔洞和缺刻（图7-1）。为害严重时将整个叶片吃光，只留一层绒毛和主脉，阻碍植株生长，影响产量。

图7-1 叶片被害孔洞

形态特征 卵：椭圆形，初产草绿色发育至褐色，表面有不规则突起。

幼虫：体扁，土黄色，除前胸外体背各节均具2列黑斑，除尾节外其余各节两侧各有3个顶端黑色的肉质突起（图7-2）。

图7-2 幼虫

蛹：金黄色，腹部两侧有齿状突起。

成虫：体卵形，形似瓢虫，黄褐色；触角末端3～4节黑褐色；小盾片三角形，光亮无刻点；每个鞘翅具5个近圆形黑斑，排列顺序为2-2-1，有细密刻点；后胸腹板外侧，腹部每节两侧各具1黑斑，有时消失。雄虫腹部末节顶端三叶状，中叶横宽；雌虫末节顶端微凹（图7–3）。

图7–3　成虫

发生规律　长江以北地区1年发生1代，江西、四川、福建等少数地区1年发生2代，以卵在枯枝落叶下越冬，南方也有成虫在各种缝隙中越冬。在1代区，越冬卵在每年5月下旬至6月上旬孵化，幼虫孵化后先在地面爬行，然后沿葡萄藤干基部向上爬，先群集为害靠近地面的芽和叶，逐渐向上转移为害，3龄后开始分散，白天潜伏荫蔽处，早晨和傍晚在叶面上取食；6月底老熟幼虫于3 ~ 6 cm深处陆续作土茧化蛹；成虫于7月上中旬羽化，8月上旬至9月上旬为产卵盛期，卵成块，多产在距植株30 cm外的土面上，尤其在葡萄枝干接近地面处最多。在2代区，越冬卵在4月中旬孵化，幼虫5月下旬化蛹，6月中旬第1代成虫羽化，并于8月上旬产卵；8月中旬孵化，9月上旬化蛹，9月下旬第2代成虫羽化后产下越冬卵，或直接以成虫越冬。

防治方法　农业防治：结合冬季清园，清除枯枝落叶和杂草，早春深耕，以消灭越冬卵。

物理防治：葡萄萌芽前在树干下部涂毒环或安装粘虫带，阻杀幼虫上树。幼果膨大期发现幼虫聚集为害时，摘除受害叶片。葡萄果实转色成熟期利用成虫假死性，震落捕杀成虫。

生物防治：保护和利用自然天敌，草蛉、瓢虫、蜘蛛、螳螂及各种寄生蜂等。

化学防治：在小幼果膨大期幼虫聚集取食时，叶面喷施杀虫剂1～2次，选用2.5%高效氯氟氰菊酯乳油2 500倍液，或10%高效氯氰菊酯乳油2 000～3 000倍液等。

8 葡萄肖叶甲 *Bromius obscurus* Linnaeus

属鞘翅目叶甲科肖叶甲亚科肖叶甲属。

分布与寄主 国内：黑龙江、新疆、甘肃、河北、山西、江苏、湖南、四川、贵州、西藏等地。国外：日本、朝鲜、俄罗斯、欧洲、北美洲等。

主要寄主植物是葡萄和软枣猕猴桃。

为害症状 葡萄肖叶甲的成虫主要取食叶片，其取食后的叶片有许多长条形孔斑（图8-1），为害严重时叶片萎黄干枯。此外，成虫还取食葡萄嫩枝的树皮、花梗、幼果，引起大量落花、落果，降低葡萄产量。幼虫主要为害葡萄根部。

图8-1 葡萄叶片的长条形咬痕

形态特征 幼虫：老熟幼虫身长约7 mm，弯曲呈“C”形。身体白色，头部黄褐色，口部棕色或黑色，胸部有3对足。

成虫：椭圆形，体长4.5～6 mm，体宽2.6～3.5 mm。具有3种色型：体全黑；体黑色，鞘翅棕红；体黑色，前胸棕红，体背密被白色平卧毛（图8-2）。触角丝状，近于体长之半，色暗，毛被密。头部刻点粗密，在头顶处密集呈皱纹状，中央有1条明显的纵沟纹；唇基两侧常各具1条向前斜伸的边框，端部较宽于基部，前缘弧形，表面布有大而深的刻点。前胸柱形，宽稍大于长，两侧圆形，无侧边，背板后缘中部向后凸出；盘区密布大而深的刻点，呈皱纹状。小盾片略呈长方形，刻点细密。鞘翅基部明显宽于前胸，基部不明显隆起；刻点细密，较前胸刻点浅，不规则排列。足粗壮，腿节无齿。

图8-2　葡萄肖叶甲成虫

发生规律　在吉林省1年1代，以成虫和不同龄幼虫在葡萄根附近土中越冬。以成虫越冬的个体在4月中旬出蛰，5月中旬葡萄新梢长出4～6片叶时陆续出土为害叶片；5月末雌虫开始陆续产卵，产卵期可持续2个月，越冬成虫于9月中下旬陆续入土。以幼虫越冬的个体6月末开始见成虫。

防治方法　农业防治：结合冬季清园、深耕，以降低越冬成虫数量。

物理防治：利用成虫的假死习性，在新稍生长期及果实膨大期等成虫发生时期将成虫震落捕杀。

化学防治：在葡萄新稍上有5～6片叶展开及浆果膨大期，喷施2.5%高效氯氟氰菊酯乳油2 500倍液，或10%高效氯氰菊酯乳油2 000～3 000倍液1～2次。

9 葡萄卷叶象 *Byctiscus lacunipennis* Jekel

属鞘翅目卷叶象科。

分布与寄主　国内：东北地区、陕西、河北、河南、江苏、安徽、江西、广东、广西、四川、云南等地。国外：日本、朝鲜。

主要为害葡萄、梨、苹果等果树。

为害症状　葡萄卷叶象以成虫取食葡萄新芽、嫩叶，被害叶片的下面叶肉被啃食成条状虫口（图9-1）。该虫产卵时将叶柄咬断大半，产卵于叶缘后，将叶片向正面纵卷成筒状。幼虫孵化后，在卷叶内食害，使叶片逐渐干枯脱落，进而影响果树的正常生长发育。

图9-1　葡萄叶片被害状

形态特征　卵：椭圆形，长约1 mm，半透明乳白色。

幼虫：头部棕褐色，身体乳白色，略弯曲，无足。

蛹：裸蛹，椭圆形。

成虫：体长5.5～8 mm，头向前延伸呈象鼻状，喙长，虫体有青蓝、黑褐色或豆绿金属光泽，触角黑色、棒状，末端3节粗大，鞘翅表面有不规则成排刻点（图9-2）。

发生规律　在江西1年发生2代，以成虫在土中越冬。4月上旬越冬代成虫开始活动，4月中下旬为产卵及成虫为害盛期。5月上旬为卵孵化盛期，幼虫取食卷内叶肉，5月中下旬虫卷脱落，5月下旬幼虫咬出虫卷并入土化蛹。6月上旬为成虫羽化盛期。第2代形成的虫卷较少、为害较轻，成虫于8月下旬至9月中旬在土中羽化并越冬。

图9-2　成虫侧面（左）和背部（右）

防治方法　农业防治：结合冬季深耕土地，破坏越冬场所，杀死越冬成虫。

物理防治：葡萄开花前后摘除卷叶，并及时清理落地卷叶，集中销毁。

化学防治：对越冬代成虫，在葡萄新梢生长期，对树冠喷施杀虫剂1～2次。葡萄坐果期第1代成虫羽化前后，可向地面及树冠喷施杀虫剂1～2次，选用吡虫啉1 000～2 000倍液，或8%高效氯氰菊酯1 000倍液，或1.8%阿维菌素乳油2 000倍液，或2.5%高效氯氟氰菊酯乳油3 000倍液等。

10 斑衣蜡蝉 *Lycorma delicatula* White

属半翅目蜡蝉科斑衣蜡蝉属。

分布与寄主 国内：华北、华中、华东、华南、西南以及西北的陕西、甘肃、宁夏等地。国外：韩国、柬埔寨、印度、日本、老挝、朝鲜、越南及美国等。斑衣蜡蝉原产于中国。

寄主植物包括葡萄、山楂、梨、桃、臭椿等多种林木果树。

为害症状 斑衣蜡蝉以成虫、若虫群集在叶片的背面和嫩梢上为害（图10-1、图10-2），吸食嫩梢、叶片内汁液，群集于寄主植物嫩茎和叶背刺吸为害。被害叶片有淡黄色斑点，常萎缩变形，严重的叶片破裂、树皮干裂甚至死亡。该虫取食导致的植物分泌物及自身排泄的蜜露诱发煤污病，产生的黑色霉层，严重影响葡萄植株的生长发育。

图10-1 若虫聚集为害

图10-2 成虫聚集为害

形态特征 卵：椭圆形，长约3 mm，褐色，形似麦粒；1个卵块有40～50粒排列整齐的卵，表面覆盖有白色蜡粉。

若虫：头尖足长，身体扁平，初孵化时白色，后变为黑色，体表有许多白点（图10-3）。4龄体背呈红色（图10-4），具有黑白相间的斑点。

图10-3　低龄若虫

图10-4　4龄若虫

成虫：体长15 ~ 20 mm，翅展40 ~ 50 mm，翅上覆盖白色蜡粉。头向上翘，触角3节，刚毛状，红色，基部膨大。前翅革质，基部淡灰褐色，有20个左右的黑点，端部黑色，脉纹色淡，后翅基部红色，有8个左右的黑褐色斑点，中部白色透明，端部黑色（图10-5）。

图10-5　成虫

发生规律　辽宁、山东、河南、山西、陕西、甘肃、宁夏等地1年发生1代，以卵块在葡萄主干或架材上越冬，一般在4月中旬后陆续孵化，若虫聚集为害嫩茎和叶片；6月中旬出现成虫，8月成虫开始交尾产卵，直到10月下旬。在广西1年可发生3代，以成虫在杂草、落叶和石缝等隐蔽场所越冬，每年3月越冬成虫陆续出蛰，先在花卉等发芽早的作物上为害，待葡萄发芽后，转移到葡萄叶片上吸食汁液。成虫产卵于叶脉内或叶背茸毛中，5月中下旬孵化若虫，以后世代重叠，均在葡萄上繁殖，先在老叶上为害，逐渐向新叶蔓延，10月后越冬，葡萄整个生长季节深受其害。

防治方法 农业防治：在葡萄园周围避免种植臭椿、苦楝、花椒等斑衣蜡蝉喜食寄主，以减少虫源。结合冬春修剪和葡萄园管理，刮除树干及葡萄架上的卵块，剪除有卵块的枝条。

物理防治：葡萄萌芽前在树干下部涂毒环或安装粘虫带，阻杀若虫上树。

生物防治：保护和利用布氏螯蜂、斑衣蜡蝉平腹小蜂等自然天敌的控制作用，以控制其为害。

化学防治：葡萄萌芽前，喷施5°Bé石硫合剂。若虫孵化期是防治的最有利时期。针对初孵若虫，在葡萄发芽期至开花前喷施1～2次杀虫剂，落花后根据发生情况喷施1～3次杀虫剂。选用10%吡虫啉可湿性粉剂2 000～3 000倍液，或3%啶虫脒乳油1 000～1 500倍液，或1.9%甲氨基阿维菌素苯甲酸盐微乳剂3 000～4 000倍液，或2.5%高效氯氟氰菊酯1 000倍液等。

11 葡萄二黄斑叶蝉 *Arboridia koreacola* Matsumura

别名葡萄斑叶蝉、葡萄小叶蝉、葡萄叶浮尘子等，属半翅目叶蝉科斑叶蝉属。

分布与寄主 葡萄二黄斑叶蝉广泛发生于我国各葡萄产区，在陕西及山东为害较重，主要为害葡萄，也可为害樱桃、山楂、梨、桃、苹果等果树。

为害症状 以成虫、若虫在叶背刺吸为害。一般在通风不良、杂草丛生的葡萄园发生较多。被害叶初现白色小点，为害严重时白色点连成白斑，一片苍白（图11-1），导致提早落叶。

图11-1 在叶片背面为害（左）及症状（右）

形态特征 卵：长约0.2 mm，乳白色，长椭圆形，头部稍弯曲，尾部较细。

若虫：共5龄，由初孵近透明乳白色逐渐变红至深红褐色，整体菱形，头部钝三角形，腹部末端上翘，2龄时开始出现翅芽（图11-2）。

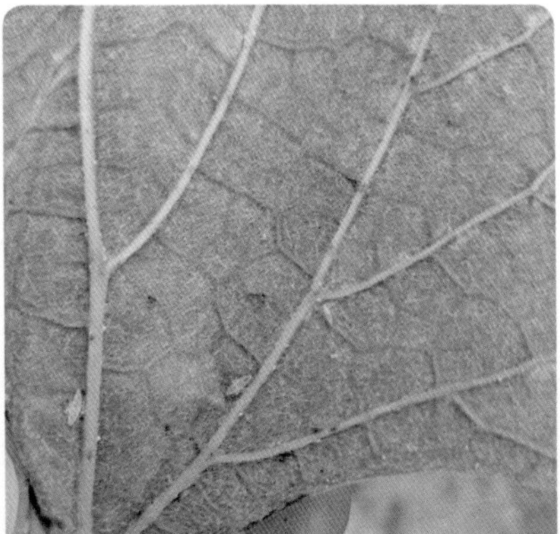

图11-2 若虫

成虫：带翅体长2.6～3.1 mm，按照成虫胸腹部的颜色分为黄白型和红褐型两型，越冬代成虫胸腹部均为黄白色。头顶有2个黑色小圆斑（图11-3），复眼黑色或暗褐色，前胸背板前缘有3个黑褐色小圆斑，小盾片前缘两侧各有1个较大黑褐色斑。前翅黄褐色，半透明，后缘各有2个近半圆形的淡黄色斑。足浅黄白色，前足足基部左右各1个黑斑。

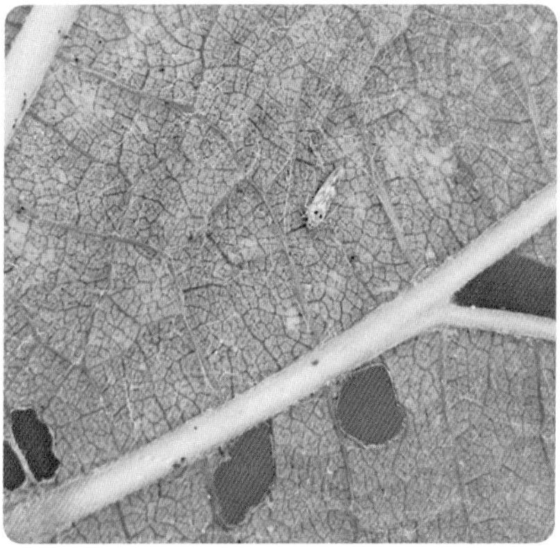
图11-3 成虫

发生规律 在陕西、山东每年发生3～4代，成虫在石缝、杂草或落叶下越冬。春季葡萄发芽前，越冬成虫先在梨、山楂、樱桃等寄主上取食，待4月葡萄展叶后，迁往葡萄为害。产卵于叶背叶脉内或绒毛中，各代成虫、若虫均在叶背刺吸为害，其为害一直持续至10月，随之进入越冬态。

防治方法 农业防治：葡萄生长期及时修剪枝叶，保持园内通风、透光；冬季清园，降低越冬成虫数量。葡萄园内外避免栽种梨、苹果等果树及玉米、蔬菜等作物。

物理防治：葡萄发芽后，在园内悬挂黄板以诱集成虫，每亩地挂黄板20～30块，在黄板粘满叶蝉或根据粘虫胶的黏性更换。

生物防治：叶蝉自然天敌种类丰富，包括蜘蛛、寄生蜂等300多种，应加强保护和利用。

化学防治：分别在葡萄开花前、落花后及采收后，根据叶蝉发生情况对葡萄叶面喷施杀虫剂1～2次，选用4.5%高效氯氰菊酯乳油1 500倍液，或20%啶虫脒乳油5 000倍液，或70%吡虫啉乳油5 000倍液，或25%噻虫嗪水分散粒剂10 000倍液，或20%氰戊菊酯乳油2 000～2 500倍液，或2.5%溴氰菊酯乳油2 000～3 000倍液，或10%氯氰菊酯乳油2 000倍液，或0.38%苦参碱乳油400～800倍液，或3%印楝素乳油1 000倍液，或0.5%藜芦碱可溶性液600～800倍液，或60 g/L乙基多杀菌素悬浮剂，或5%天然除虫菊乳油，或2.5%多杀菌素乳油等。

12 绿长突叶蝉 *Batracomorphus pandarus* Knight

属半翅目叶蝉科长突叶蝉属。

分布与寄主 主要分布于新疆乌鲁木齐以北地区，为单食性害虫，只为害葡萄。

为害症状 以成虫或若虫集中在葡萄幼嫩枝条、果梗、叶腋处刺吸汁液，并产生大量蜜露，引发煤污病（图12-1、图12-2）。

图12-1 为害葡萄叶片并诱发煤污病

图12-2 为害葡萄果梗并诱发煤污病

形态特征 卵：长0.8 ~ 0.9 mm，宽0.2 ~ 0.28 mm，香蕉状，端部钝厚，底部尖细，表面光滑，初产透明发育至乳白色及2个红色眼点。

若虫：共5龄，体色由嫩绿发育至深绿色，复眼由黑色变为白色最后变为红色或黑色；触角刚毛状，淡绿色；翅芽于3龄开始出现，逐渐延伸至腹部第5 ~ 7节。

成虫：连翅体长3.8 ~ 4.1 mm，体型粗壮，体黄绿色，腹面淡绿色；雄成虫体型较瘦弱。复眼红棕色，前胸背板前缘圆弧形，后缘平直，布满横向细刻纹（图12-3）；中胸背板前缘2侧顶角各有1浅黑色斑，后缘中间凹形。翅黄绿色、透明，超过体长，两前翅中间分离，前翅内缘线明显，淡绿色；肩角至臀角有1条明显翅脉，与内缘线交接处形成浅灰色斑。后足胫节两侧布满短刺（图12-4）。

图12-3 成虫背面

图12-4 成虫腹面及后足

发生规律 在新疆维吾尔自治区1年发生3代，以卵在葡萄枝条内越冬。春季4月底葡萄萌芽期越冬卵开始孵化，5月下旬至7月中旬为成虫期，成虫将卵散产于葡萄幼嫩枝条，枝条上有明显的凸起。第1代若虫主要集中在幼嫩枝条上为害，成虫期为7月至9月中旬。第2代若虫主要为害葡萄穗，成虫期从9月至10月底。

防治方法 农业防治：冬季结合整形修剪，及时将带卵枝蔓清除；葡萄生长期合理修剪，保持园内通风透光；在葡萄膨大至成熟期是其产卵期，期间及时修剪嫩梢，清除虫卵及若虫。

物理防治：葡萄落花后在园内悬挂黄板诱集成虫，每亩挂20～30块黄板，在黄板粘满叶蝉或根据粘虫胶的黏性更换。于成虫发生初期在园内四周安装诱虫灯诱捕成虫。

生物防治：叶蝉自然天敌种类丰富，包括蜘蛛、寄生蜂等300多种，应加强保护和利用自然天敌。

化学防治：越冬代若虫发生比较整齐，葡萄萌芽期是防治的关键时期，可于该时期喷施杀虫剂，根据发生情况施药1～2次；葡萄落花后为第1代若虫防治重点时期，根据发生情况施药1～2次。

可选用70%吡虫啉水分散粒剂5 000倍液，或10%高效氯氰菊酯乳油2 000～3 000倍液，或20%啶虫脒乳油5 000倍液，或1.8%阿维菌素乳油3 000倍液，或25%噻虫嗪水分散粒剂10 000倍液，或15%哒螨灵乳油1 500倍液，或生物源农药0.3%印楝素乳油1 000倍液，或0.5%藜芦碱可溶性液600～800倍液，或0.3%苦参碱水剂600～800倍液，或2.5%多杀菌素乳油，或5%天然除虫菊酯乳油等。

13 葡萄斑叶蝉 *Erythroneura apicalis* Nawa

别名葡萄二星叶蝉，属半翅目叶蝉科斑叶蝉属。

分布与寄主 国内：辽宁、河北、陕西、河南、湖北、山东、安徽、江苏、浙江、台湾等地。国外：日本。

主要寄主是葡萄，也可为害樱桃、山楂、梨、桃、苹果、桑、槭等果树和林木。

为害症状 以成虫、若虫在叶背刺吸为害，一般以通风不良、杂草丛生的葡萄园发牛较多。被害叶初现白色小点，为害严重时白色点连成白斑，一片苍白，导致提早落叶（图13-1）。

图13-1 葡萄叶片被害状

形态特征　卵：长约0.6 mm，乳白色，长椭圆形，稍弯曲。

若虫：初孵化时白色（图13-2），老熟时黄白色（图13-3）。

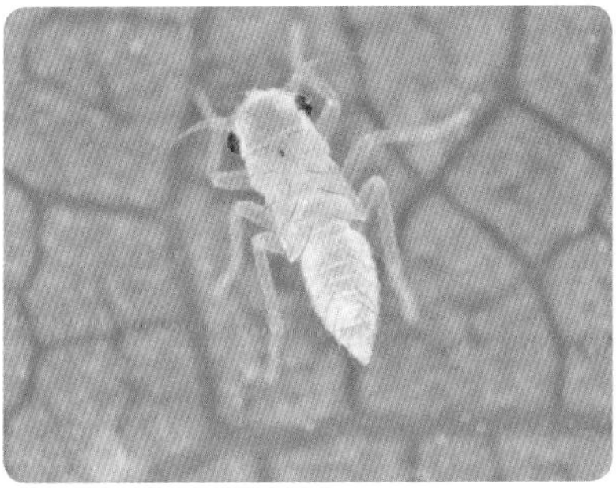

图13-2　若虫

图13-3　老熟若虫

成虫：带翅体长2.9 ~ 3.3 mm，淡黄白色，散生淡褐色斑纹。头部向前突出成钝角三角形，在头冠中前部有2个黑色圆纹（图13-4），复眼黑色。小盾板呈淡黄色，基缘两侧各有1大形黑斑，中央有1黑色横刻痕；前翅为淡黄白色，透明，前缘蜡区较明显，翅端部色深带有褐色，整个翅面呈现不规则的淡褐色斑纹。中胸腹板中央具有黑色斑块，端爪黑色。

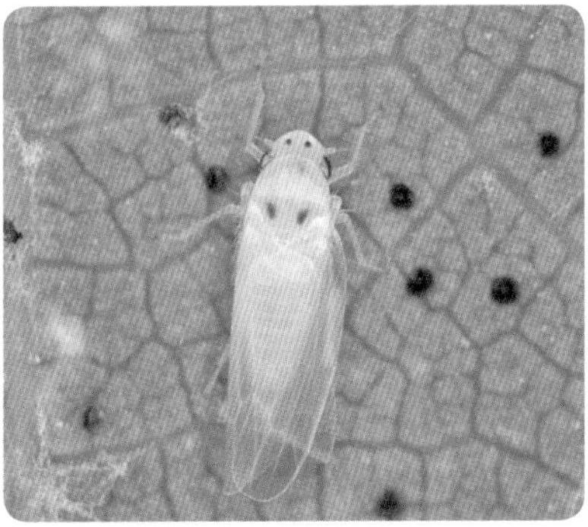

图13-4　成虫

发生规律　葡萄斑叶蝉发生世代数因地域而异。在新疆地区1年发生4代，陕西、山东1年发生3代，河北昌黎1年发生2代，皆以成虫在石缝、杂草或落叶下越冬。春季葡萄发芽前，越冬成虫先在梨、山楂、樱桃等寄主上取食，待4月葡萄展叶后，迁往葡萄为害。产卵于叶背叶脉内或绒毛中，各代成虫、若虫均在叶背刺吸为害，其为害一直持续至10月，并于该月进入越冬态。

防治方法 农业防治：在葡萄生长期及时修剪枝叶，保持园内通风、透光；冬季清园，降低越冬成虫数量；果园内外避免栽种梨、苹果等果树及玉米、蔬菜等。

物理防治：葡萄发芽后在园内悬挂黄板诱集成虫，每亩挂20～30块黄板，在黄板粘满叶蝉或根据粘虫胶的黏性更换。

生物防治：叶蝉自然天敌种类丰富，包括蜘蛛、寄生蜂等300多种，应加强保护和利用自然天敌。

化学防治：分别在葡萄开花前、落花后及采收后，根据叶蝉发生情况对葡萄叶面喷施杀虫剂1～2次，可选用4.5%高效氯氰菊酯乳油1 500倍液，或20%啶虫脒乳油5 000倍液，或70%吡虫啉乳油5 000倍液，或25%噻虫嗪水分散粒剂10 000倍液，或20%氰戊菊酯乳油2 000～2 500倍液，或2.5%溴氰菊酯乳油2 000～3 000倍液，或10%氯氰菊酯乳油2 000倍液，或0.38%苦参碱乳油400～800倍液，或3%印楝素乳油1 000倍液，或0.5%藜芦碱可溶性液600～800倍液，或60 g/L乙基多杀菌素悬浮剂，或5%天然除虫菊乳油和2.5%多杀菌素乳油等。

14 黑刺粉虱 *Aleurocanthus spiniferus*（Quaintanca）

别名橘刺粉虱、刺粉虱等，属半翅目粉虱科刺粉虱属。

分布与寄主 国内：华东地区江苏、浙江、山东、安徽，华中地区湖北、湖南、江西，华南地区广东、广西、海南，西南地区四川、贵州、云南等地。国外：日本、印度、印度尼西亚、菲律宾、美国、墨西哥、东非、南非等。

主要为害柑橘和茶树，也为害荔枝、芒果、葡萄等果树及园林植物。

为害症状 通常以若虫聚集在叶片背面吸食汁液，被害处发黄，叶片提早脱落，同时分泌蜜露诱发煤污病（图14-1），使枝叶发黑，枯死脱落；受害严重的果树不出春梢，不开花，不结果，树势衰弱，严重影响质量和产量以及果实品质。

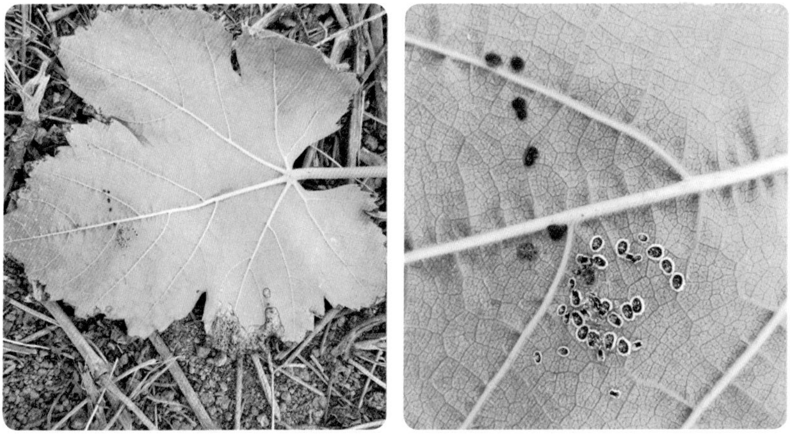

图14-1 若虫为害葡萄叶片诱发煤污病

形态特征 卵：长0.25～0.3 mm，顶端尖，基部钝圆，由1直立小柄黏附在叶背，卵初产乳白色，后淡黄色，孵化前灰黑色。

若虫：共3龄，初孵若虫椭圆形，体扁平，淡黄色，后渐转黑色，有光泽。体周缘呈锯齿状，体背生刺毛，1龄6根、2龄9对，3龄14对；体躯周缘分泌1圈白色蜡质，随虫体增大蜡圈也增粗。3龄雌、雄若虫体长、大小出现显著差异，雄虫略小（图14-2）。

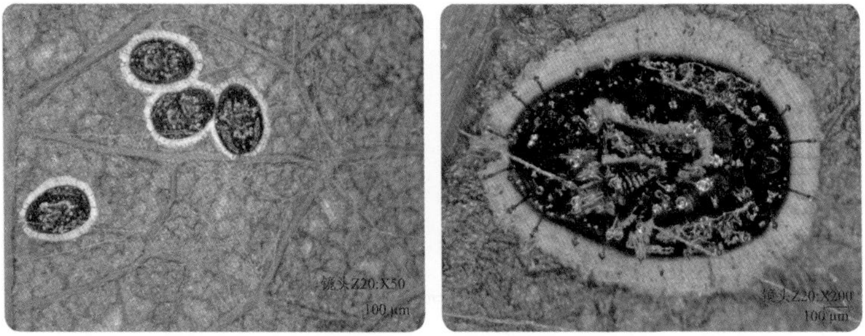

图14-2　若虫

伪蛹（4龄若虫）：椭圆形，初乳黄渐变黑色，有蜡质光泽。壳边锯齿状，周围附有白色绵状蜡质边缘，背面中央显著隆起。体背盘区胸部有9对长刺，腹部有10对长刺；体两侧边缘有向上竖立长刺，雌11对，雄10对。

成虫：雌虫体长0.96～1.3 mm，橙黄色，体表覆有蜡质白色粉状物，复眼肾形，橘红色。前翅紫褐色，有7条不规则白纹；后翅小，无斑纹，淡紫褐色。雄虫体较小，腹末有抱握器。

发生规律　黑刺粉虱在我国的年发生世代数由北向南向北逐渐递增，河南、山东1年发生4代，湖北、浙江、福建、云南1年发生4～5代，广东、广西1年发生5～7代，一般以2～3龄若虫在叶背越冬，有世代重叠现象。在广东，该虫第1代成虫出现在3月，11月中下旬以若虫或伪蛹开始越冬。在湖南，3月中旬至4月上旬该虫的越冬若虫化为伪蛹，3月中旬至4月上旬大量羽化为成虫；成虫于白天活动，在树冠内、中下部嫩枝叶背面产卵。第1代发生期为4月下旬至6月中旬，第2代为6月中旬至8月下旬，第3代为8月中旬至10月上旬，第4代（越冬代）为9月下旬以后发生，至12月大部分发育至2龄若虫越冬。该虫1～2代发生较整齐，为害最重。在北京，该虫于7月初开始发生，8月下旬至9月达发生高峰。

防治方法　农业防治：冬春季清园，剪除带虫（卵、若虫和伪蛹）枝叶和荫蔽衰弱枝，早春疏除过密春梢，清理园内枯枝落叶，减少越冬虫口基数。及时疏枝疏果，改善树体通风透光性能，破坏黑刺粉虱活动繁衍场所；加强栽培管理，增强树势，提高抗性，减少为害。

物理防治：葡萄展叶后，在园内悬挂黄板以诱杀成虫，每亩设置35～40块，15 d左右更换1次。于成虫发生初期，在园区四周安装诱虫灯诱杀成虫。

生物防治：保护和利用黑刺粉虱的天敌。常见寄生性天敌有黄盾恩蚜小蜂、东方桨角蚜小蜂、单带巨角跳小蜂等，捕食性天敌有红点唇瓢虫、方斑瓢虫、刀角瓢虫、黑缘红瓢虫、二星瓢虫和草蛉等。也可在成虫发生初期，在每亩安放20片信息素诱虫板诱集成虫，每个月更换1次信息素。

化学防治：在该虫发生严重的果园，于冬季清园后喷1次松碱合剂20倍液和1°Bé石硫合剂，清除越冬虫源，减少翌年发生基数。葡萄新梢生长期是该虫第1代1～2龄若虫高峰期。可在该时期对树冠喷施杀虫剂，特别是叶背均匀喷到，每隔10～15 d喷1次，连续用药2～3次，可选用25%噻嗪酮可湿性粉剂1 200～1 500倍液，或10%吡虫啉可湿性粉剂3 000倍液，或5%啶虫脒乳油1 000～2 000倍液，或1.3%苦参碱水剂2 500倍液，或24%螺虫乙酯悬浮剂3 000倍液等。

第二部分

为害花、果类害虫

15 果蝇类 *Drosophila* sp.

属双翅目果蝇科，种类多样，寄主广泛，是重要的果实害虫。国内常见的果蝇有斑翅果蝇*Drosophila suzukii*（Matsumura）、黑腹果蝇*Drosophila melanogaster*（Meigen）、海德氏果蝇*Drosophila hydei*（Sturtevant）、伊米果蝇*Drosophila immigrans*（Sturtevant）、叔白颜果蝇*Drosophila triauraria*（Bock & Wheeler）等，其中，斑翅果蝇及黑腹果蝇是最主要种类。

分布与寄主 果蝇类原产于东南亚地区，目前已成为世界性害虫。国内：在我国自北向南均有发生，分布于黑龙江、吉林、辽宁、北京、河北、河南、山西、山东、安徽、江苏、上海、浙江、江西、湖南、福建、广东、广西、贵州、云南、海南、台湾等地。国外：广泛分布于亚洲、欧洲、北美洲、南美洲、非洲、大洋洲（波利尼西亚）。

果蝇类昆虫除为害葡萄外，还可为害蓝莓、樱桃、猕猴桃、无花果等浆果及核果类水果。

为害症状 斑翅果蝇具有锯齿状的产卵管可刺破果皮，将卵产于完好新鲜的果实内部，外表仅见产卵孔。黑腹果蝇将卵产在酸腐或有裂口的葡萄上，使果实腐烂加剧。两种果蝇卵孵化后以幼虫蛀食为害，果实逐渐软化直至变褐腐烂（图15-1），并吸引其他果蝇及细菌、真菌进一步侵染果实，导致酸腐病的发生（图15-2），严重损害水果质量。

形态特征 卵：白色，长椭圆形，顶端有2条细丝；斑翅果蝇卵细丝较长，与卵长度相近；黑腹果蝇卵细丝较短，为卵长2/3。

幼虫：共3龄，乳白色，圆柱状，黑色口钩明显。

图15-1　果蝇幼虫（左）和成虫（右）为害葡萄果实症状

图15-2　果蝇为害葡萄果实引发的酸腐病症状

蛹：长2～3 mm，圆筒形，深红棕色，头部具2个尖刺，2个呼吸器端部星状开裂明显。

成虫：复眼一般红色，体色近黄褐色或红棕色。斑翅果蝇雌虫体长3.2～3.4 mm，产卵器黑色、硬化，有光泽，外形巨大呈锯齿状，齿状突颜色较产卵器其他部位深，腹部腹节背面有不间断黑色条带，腹末具黑色环纹（图15-3左）。雄虫略小，体长2～3 mm，前翅顶角有1明显黑斑（少数雄虫不具黑斑），前足的第1、第2跗节分别有1簇性梳，梳齿3～6根（图15-3右）。黑腹果蝇成虫体型较小，黑腹果蝇雌虫腹部背面有明显的5条不间断黑色条纹，产卵器淡黄色管状（图15-4左），雄成虫前足只第1跗节具1簇黑色性梳（图15-4右）。

图15-3　斑翅果蝇雌（左）雄（右）成虫

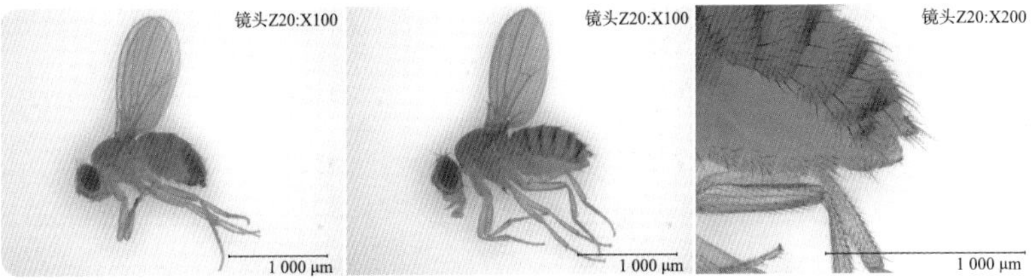

图15-4　黑腹果蝇雌（左）雄（右）成虫

发生规律　在山东地区，斑翅果蝇4—11月均可活动，先为害早熟樱桃，随后转移到相继成熟的晚熟樱桃、油桃、桃、李、葡萄等成熟或腐烂果实上为害。葡萄上一般于5月中下旬开始出现成虫，6—7月、8—9月是成虫发生盛期。黑腹果蝇发生高峰期稍晚，一般在8—9月为高峰期。

防治方法　农业防治：合理种植，避免早晚熟品种混栽。保持果园卫生，及时采收并清除果园及周边过熟果、蛀果、染病果、裂果和腐烂果等。立冬或初春进行全园浅翻，可有效杀灭越冬代成虫和蛹。

物理防治：使用糖、醋、红酒和水按照2∶1∶1∶4的比例混匀配制果蝇成虫诱集液，诱液中可添加熟透的香蕉或腐烂的葡萄等，配合果蝇诱捕器诱捕成虫，诱捕器距离地面1.5 m、间隔10 m左右，每亩地挂5～6个诱捕器，7～15 d更换1次诱集液。

生物防治：保护和利用寄生蜂、小花蝽等果蝇的自然天敌。

化学防治：在果实膨大转色期向树冠及地面喷施杀虫剂，每7～10 d 1次，至果实采收前10～15 d停药。可选用2.5%高效氯氟氰菊酯乳油2 500倍液，或0.3%苦参碱水剂800倍液，或25%噻虫嗪水分散颗粒剂2 000倍液，或25%多杀菌素水分散粒剂1 500～2 000倍液，或0.5%藜芦碱可溶性液600～800倍液，或1%甲氨基阿维菌素苯甲酸盐3 000倍液等。

16 吸果夜蛾类

吸果夜蛾类是一类以成虫刺吸果实汁液，导致果实腐烂和落果的害虫。我国已知吸果夜蛾有50余种，以鳞翅目夜蛾科嘴壶夜蛾属的嘴壶夜蛾*Oraesia emarginata* Fabricius和鸟嘴壶夜蛾*Oraesia excavata* Butler为害最重、最常见。

分布与寄主　国内：山东、江苏、浙江、湖南、台湾、福建、广东、广西、云南等地。国外：朝鲜、日本。

该类害虫寄主主要有柑橘、苹果、梨、葡萄、无花果、桃、杧果、黄皮等。

图16-1　吸果夜蛾类为害状

为害症状　该类害虫的成虫以尖锐口器刺穿果皮吸食果汁，刺孔周围果面变红、凹陷、溃烂（图16-1），导致果实腐烂脱落，造成大量烂果和落果，影响葡萄品质和运输。

形态特征

嘴壶夜蛾

卵：扁球形，底部扁平有黏胶，由初产乳黄色发育至灰黑色，表面密布纵棱。

幼虫：全体黑色，头部两侧各有4个黄斑，各体节有1个大黄斑，亚背线和亚腹线有小黄斑组成。第1对腹足退化，走动形如尺蠖。

蛹：腹部第5～7节背面与腹面前缘有1横列刻点。腹末每侧各有1对角状突起。

成虫：翅展34～40 mm，头部、颈板红褐色，前翅茶褐色，后翅褐灰色。前翅外缘中部突出成角，后缘中部凹陷呈浅圆弧形。

鸟嘴壶夜蛾

卵：扁球形，底部扁平有黏胶，由初产乳黄色发育至灰黑色，表面密布纵棱。

幼虫：头顶橘黄色两侧各有1黑斑，身体灰黑色有不明显花纹，亚背线、气门线、腹线均为黑色；第1对腹足退化，走动形如尺蠖。

蛹：暗褐色，腹部背面密布刻点，腹面刻点稀疏，臀棘为6条角状突起。

成虫：翅展49 ~ 51 mm，头部、颈板赤橙色。喙发达，下唇须尖细前伸。前翅褐色带有紫色，后翅黄色。前翅翅尖向外缘突出，后缘内凹呈弧形，臀角后突成1齿。

发生规律 吸果夜蛾类在浙江1年发生4代，以老熟幼虫或蛹在木防己等杂草丛或土缝中越冬。幼虫在木防己上取食叶片，成虫于闷热无风的夜间活动取食，气温低于13 ℃或风力高于3级时基本不活动。一般于5—11月为害葡萄。

防治方法 农业防治：葡萄果实成熟前及时清除葡萄园周围及园内幼虫喜食的黄麻、芙蓉、木槿、木防己等植物。

物理防治：果实成熟期，在园内安装诱虫灯诱杀成虫，或园内每亩地安置1 ~ 2个40 W黄色荧光灯，悬挂于树冠上方1.5 ~ 2 m处，驱避成虫。5 ~ 7年生葡萄树，使用吸水纸（6 cm × 5 cm）滴上适当香茅油也可驱避成虫，每株挂5 ~ 10片，夜间悬挂，白天回收密封保存，重复使用至果实采收。烂果汁诱杀：以烂果或瓜果切成小块，加1%食醋、1%白酒、0.2%敌百虫放于园内，夜间诱集并人工捕捉成虫；糖醋液诱杀：将8%白糖、1%食醋、1%白酒、0.2%敌百虫配成糖醋液放于园内诱杀成虫，每20 d左右更换1次诱液。在果实近成熟前套袋，预防为害。

化学防治：葡萄成熟初期开始对树冠喷施杀虫剂，可选用2.5%高效氯氟氰菊酯乳油1 500 ~ 2 000倍液，每隔10 ~ 15 d喷1次，连喷2 ~ 3次。

17 胡蜂类

胡蜂类为膜翅目胡蜂科，国内最常见为害葡萄的种有普通黄胡蜂*Vespula vulgaris*（Linnaeus）、墨胸胡蜂*Vespa velutina*（Buysson），另外还可见到德国黄胡蜂*Vespula germanica*（Fabricius）、北方黄胡蜂*Vespula ruta*（Linnaeus）、中华长脚胡蜂*Polistes chinesis*（Fabricius）等。

分布与寄主 国内：山西、陕西、北京、河北、河南、江苏、浙江、湖南等地。

该类害虫主要为害葡萄、梨、苹果等果树。

为害症状 胡蜂类以成虫啃食葡萄果肉，时常掏空果肉只剩果皮（图17-1），导致果粒干瘪脱落（图17-2），胡蜂也为害葡萄叶片，导致叶片边缘干枯（图17-3）。

图17-1 胡蜂取食葡萄果肉

图17-2　果实被害后干瘪脱落

图17-3　胡蜂为害葡萄叶片症状

形态特征　胡蜂类体型较大，色泽鲜艳，体色黄色或红色，有黑色或褐色斑带。上颚短，完全闭合时不相互交叉；触角膝状；前胸背板后缘深凹、伸达肩板；前翅第1盘室狭长，翅休息时能纵褶（图17-4）。

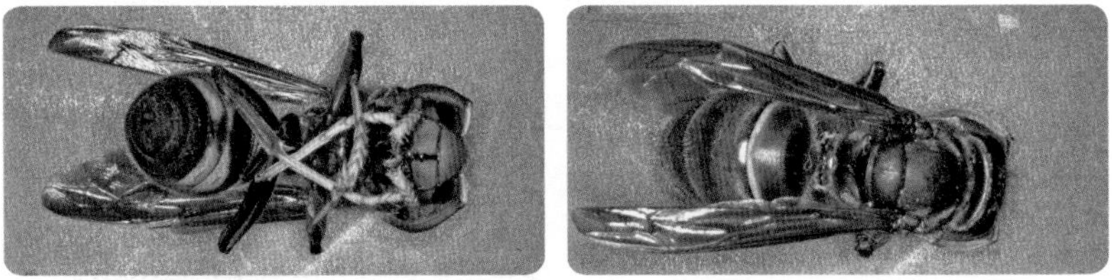

图17-4　成虫的腹面（左）和背面（右）

普通黄胡蜂

雌蜂：体长14 ~ 17 mm，前翅长11 ~ 14 mm。头略宽于胸部，两触角之间有倒梯形黄斑并略隆起，额沟浅；两复眼内缘及复眼凹陷处黄色，覆有深色长毛；颅顶黑色，颊部黄色，覆有黄色毛。唇基宽大于高，黄色，基部中央凹陷，端部两侧略成齿状突起，中央凹陷极浅；上颚粗壮，黄色。前胸背板黑色，前缘略向前隆起，两肩角圆形，沿中胸背板两侧处呈黄色较宽的斑；中胸背板黑色，中央有中隆线；小盾片黑色，呈弧形隆起，中央有浅沟，前缘两侧各有1黄色横板；后小盾片黑色，向下垂直，端部中央明显突起，近三角形，沿基部边缘为黄色带状斑。并胸腹节黑色，向下垂直，中央有浅沟，两侧各有1黄色大斑。中胸侧板较窄，黑色，上、下侧片上各有1小斑。翅棕色，前翅前缘色略深。第1～5节背板基部黑色，端部边缘呈黄色带状，带中央及两侧有3个凹陷；第1～5节腹板黑色，端部边缘有黄色横带，每节两侧略呈棕色；第6节背板黑色、腹板黄色。雄蜂腹部7节。

墨胸胡蜂

雌蜂：体长17～25 mm，前翅长15～21 mm。头部略窄于胸部，两触角窝之间三角状平面隆起，呈棕色；唇基红棕色，端部两侧各有1圆形齿状突；上颚粗壮，红棕色，端部齿黑色。胸部均呈黑色，翅呈棕色。腹部1～3节背板黑色，仅端部边缘有一棕色窄边，第2节棕色带明显，有时第3节棕色边较宽，第4节背板端部边缘棕色带宽，仅基部为黑色，第5、第6节背板暗棕色。第1节腹板黑色，近三角形，第2、第3节腹板黑色，沿端部边缘有1较宽的中央略凹陷棕色横带，第4～6节背板暗棕色。雄蜂：腹部7节，体长20～21 mm。

发生规律　胡蜂营社会生活，以受精雌蜂在背风向阳的屋檐下、墙缝、树洞等处聚集越冬，成虫于4月上旬出蛰取食花蜜，5月开始筑巢并产卵，捕捉多种害虫嚼成肉泥喂养幼虫，成虫取食花粉、水果等甜食。在山西，一般于8—10月间在葡萄上取食为害果实，于11月至翌年3月越冬。

防治方法　胡蜂类因其生活史特征及较强的飞行能力，化学防治几乎无效。因此一般情况下，只能通过农业防治措施和物理防治措施控制胡蜂数量。

农业防治：合理安排种植结构，避免不同成熟期的葡萄品种混栽。及时剪除树上的病枝、带烂果的果穗（粒）等，及时清理地面烂果，并运出园外集中销毁。避免在葡萄园区内或附近丢弃或堆积食物，葡萄成熟后尽快安排采收，避免胡蜂取食为害。

物理防治：在葡萄果实成熟前开始至葡萄采收后，使用食诱诱捕液（醋酸：异丁醇：丁酸庚酯：水=5：1：5：1 000的比例配制，配套诱捕器使用）诱捕胡蜂类成虫，每亩地放置5～6个诱捕器，每诱捕器中心放置约30 mL诱捕液，每15～20 d更换1次诱液。在胡蜂类发生初期，将棉花蘸糖浆吊在葡萄架下，诱引黄蜂吃糖浆，待其被糖浆粘住后将其杀死。在胡蜂类发生初期，用小纱网捉住3～5活蜂，然后用镊子小心夹住，把毒性较强的农药糖液涂在胡蜂的胸部和腹部，释放这些黄蜂回巢，毒杀巢内胡蜂。

18 橘小实蝇 *Bactrocera dorsalis* Hendel

别名东方果实蝇，属双翅目实蝇科果实蝇属。

分布与寄主 橘小实蝇原产我国台湾等地及日本九州，现已扩散到北美洲、大洋洲和亚洲许多国家和地区。国内：台湾、香港、海南、广东、广西、福建、浙江、湖南、云南、贵州、四川等地都有分布。国外：日本、东南亚、南亚及美国等。

寄主范围广，主要为害番石榴、芒果、柑橘、葡萄等300多种园艺作物。

为害症状 橘小实蝇的成虫将卵产于果皮内，幼虫群集在果实内部取食果肉，导致果实中空干瘪（图18-1）、腐烂坠落，是许多国家和地区的重要检疫性害虫。

形态特征 卵：梭形，长约1 mm，宽约0.1 mm，乳白色，表面光亮。精孔端稍尖，尾端钝圆。

图18-1 葡萄果实被害状

幼虫：幼虫3个龄期，老熟幼虫体长7 ~ 11 mm，黄白色，蛆状，前端尖细，后端宽圆，口钩黑色。前气门呈小环，有10 ~ 13个指突；后气门板1对，新月形，其上有3个椭圆形裂孔，末节周缘有乳突6对。

蛹：长4.4 ~ 5.5 mm，宽1.8 ~ 2.2 mm。椭圆形，初期浅黄色逐步变至红褐色。第二节有气门残留的突起暗点，末节后气门稍收缩。

成虫：体长6 ~ 8 mm，翅长5 ~ 7 mm。头黄褐色，复眼侧缘黄色；触角细长，3节，第3节为第2节长的2倍；头额鬃3对，后头鬃每侧4 ~ 8根成列。胸部黑色，肩胛、背侧胛、中胸侧板、后胸侧板大斑点和小盾片均为黄色。胸鬃有肩板鬃2对，背侧鬃2对，前翅上鬃1对，后翅上鬃2对，中侧鬃1对，小盾前鬃1对，小盾鬃1对。翅透明，翅前缘及臀室带褐色。足主要为黄色，中足胫节端部有1赤褐色的距，后胫节通常为褐色至黑色。腹部卵圆形，棕黄至锈褐色，第3腹节背板前缘有1条深色横带，第3 ~ 5节具1狭窄的黑色纵。雌虫产卵管基节棕黄色，其长度略短于第5背板，端部略圆，针突长1.4 ~ 1.6 mm，末端尖锐，具亚端刚毛长、短各2对。雄虫第3背板具栉毛，雄虫阳茎细长，弧形（图18-2）。

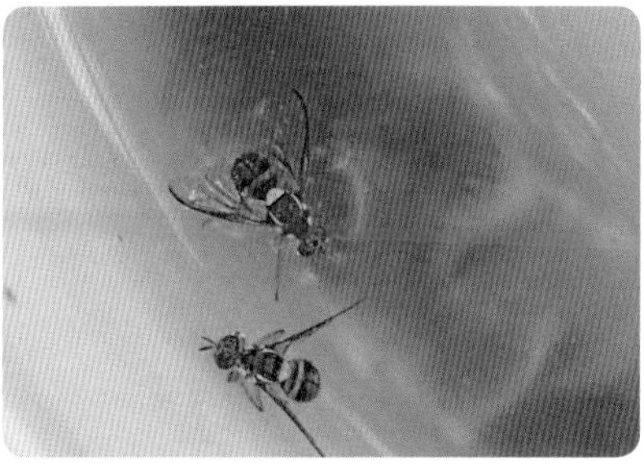

图18-2 橘小实蝇成虫

发生规律　橘小实蝇在我国南方全年发生，每年发生3～9代，有严重世代重叠现象，无严格的越冬过程。在华南地区发生3～5代，以蛹在潮湿疏松表土层或成虫栖于杂草丛中越冬；台湾地区1年发生7～8代，无明显的冬眠现象；广东每年有两个为害高峰，从5月开始成虫发生量逐渐增多，到8月出现一个较大的发生高峰，11月出现第2个高峰，直到12月成虫发生量下降。

防治方法　农业防治：果实采收后，结合冬季清园、深翻土地，以杀死土中越冬蛹。及时清除落果、烂果，通过深埋、水浸、焚烧等方法清除幼虫。

物理防治：对葡萄套袋可有效防治橘小实蝇雌成虫产卵为害。在葡萄成熟期，可使用引诱剂配合诱捕器或黄色粘虫板诱杀成虫。使用诱捕器诱杀成虫时，可在诱捕器底部倒入少量敌敌喂，将诱捕器挂在离地面1.5 m左右的果枝上，每亩挂5～6个，每15 d更换1次性诱剂和敌敌畏。引诱剂配制可使用香茅油、甜橙香精和甲基丁香酚（2.5∶47.5∶50）混配引诱雄成虫，其中可添加二氯甲烷、水解植物蛋白等引诱雌成虫。

生物防治：利用天敌昆虫、病原微生物等是控制橘小实蝇种群发生的重要手段。寄生蜂有阿里山缘脊茧蜂、长尾开裂茧蜂和雕刻短背茧蜂等，青丝鸟、隐翅虫、环纹小肥螋、夏威夷苔螋及螨类能捕食落土果中的幼虫。

化学防治：在葡萄果实成熟期橘小实蝇发生较为严重时，可选用高效药剂对整树喷雾，每周1次，至果实采收前10～15 d停药。可选用2.5%溴氰菊酯乳油3 000倍液，或2.5%高效氯氟氰菊酯乳油2 500倍液，或1.8%阿维菌素乳油3 000倍液。也可在药剂中加入糖水在园内点喷施药，达到诱杀成虫的效果。

19 葡萄瘿蚊类 *Cecidomya* sp.

属双翅目瘿蚊科。

分布与寄主 葡萄瘿蚊类分布于我国吉林、辽宁、山东、山西、陕西及云南等地。

该类害虫寄主植物有葡萄、梨、桃等。

为害症状 葡萄瘿蚊类幼虫在幼嫩果实内蛀食为害，被害果迅速膨大，较正常果粒大4～6倍；被害果长到直径8～12 mm后，停止生长，果粒扁圆形，浓绿有光泽，果顶凹陷（图19-1），萼片、花丝不脱落，果梗较细，不能形成正常种子。幼虫羽化后，在果面上形成圆形羽化孔，蛹壳半露，果实内充满虫粪，不能食用。

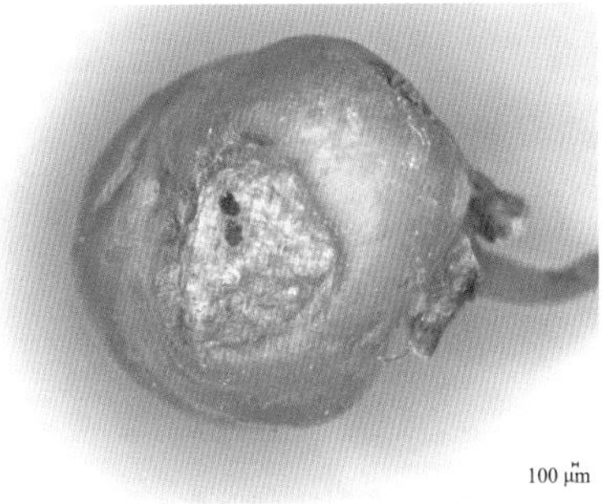

图19-1 果实被害状

形态特征 幼虫：乳白色，略扁，头部和体节不明显分节，头前端仅1对暗褐色齿状突起，齿端分二叉。胸部粗大，末端尖细，9对气门。

蛹：体长约3 mm，纺锤形裸蛹，黄褐色，头顶1对齿状突起，复眼间近上缘有1个较大刺突，下缘有3个小刺突排列成三角形。腹背面2～8节有许多小刺，端部两侧各有2～3个较大的刺（图19-2）。

成虫：体长3 mm左右，体暗灰色，被淡黄色短毛。头小、复眼大、黑色；触角丝状，雄成虫触角比身体略长，雌成虫触角比身体略短。中胸发达，前翅膜质透明，略带暗灰色；后翅退化成平衡棒，淡黄色。足细长，粗细均匀，跗节5节，有2个黑褐色爪。腹部可见8节，雄成虫细瘦、外生殖器弯钩状略上翘，雌成虫腹部肥大、腹末短管状，产卵管褐色针状（图19-3）。

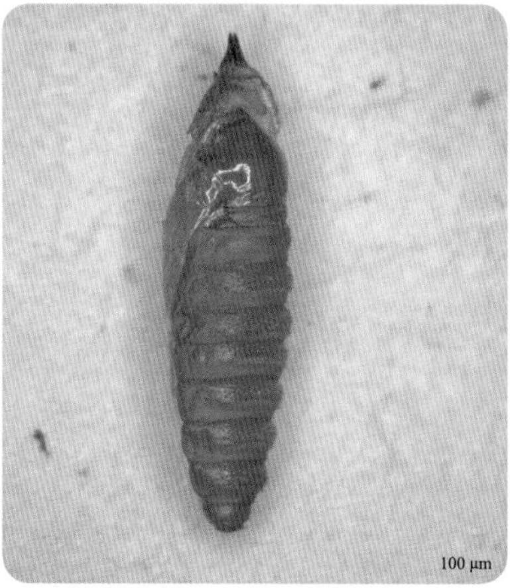

图19-2　葡萄瘿蚊蛹

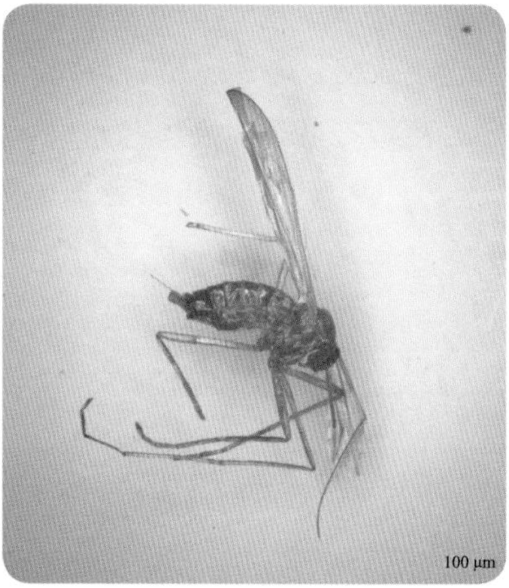

图19-3　葡萄瘿蚊成虫

发生规律　葡萄瘿蚊类在葡萄上1年仅发生1代。北方5月中下旬葡萄花蕾膨大期，越冬代成虫在子房内产卵，幼虫孵化后在幼果内为害，7月上中旬成虫羽化。在云南，3月下旬至4月中旬越冬代成虫开始羽化产卵，幼虫在幼果内为害；5月中旬至6月果粒膨大期第1代成虫羽化，羽化后成虫可能转移到其他寄主上产卵为害，并以蛹越冬。

防治方法　物理防治：在葡萄花期，对花序套袋，预防成虫产卵，在花后取掉套袋；或在花后摘除被害果并集中销毁。

化学防治：根据成虫发生时间，在葡萄现蕾期及果粒膨大期喷施杀虫剂控制成虫数量，可选用1.8%阿维菌素乳油4 000倍液，或5%氯氰菊酯1 500倍液等。

20 白星花金龟 *Protaetia brevitarsis*（Lewis）

属鞘翅目花金龟科星花金龟属。

分布与寄主 国内：白星花金龟几乎遍布全国，华北和西北地区发生较重，近年来一直是新疆地区主要葡萄害虫之一。国外：俄罗斯、蒙古、朝鲜、日本。

该虫的寄主植物包括玉米、高粱、桃、苹果、葡萄等。

为害症状 白星花金龟主要以成虫聚集取食葡萄花、芽及果实（图20-1），造成落花，花序不整齐，果实腐烂变酸，降低产量。该虫幼虫食腐，极少为害葡萄。

图20-1 白星花金龟为害葡萄果实症状

注：国家葡萄产业技术体系北疆综合试验站容新民研究员拍摄。

形态特征 卵：圆形或椭圆形，长1.7～2 mm，乳白色。

幼虫：体长约24～39 mm，头部褐色，胸足3对，短小，腹部乳白色，肛腹片上的刺毛呈倒“U”形纵行排列，每行刺毛数为19～22根，体向腹面弯曲呈“C”形，背面隆起多横皱纹。

蛹：裸蛹，体长约20～23 mm，初期为白色，渐变为黄白色。

成虫：体长17～24 mm，体宽9～12 mm，体型稍狭长，复眼突出。体表光亮或微光亮，一般体色为古铜色、青铜色，有的足带绿色，表面散布不规则波纹状白色绒斑（图20-2）。前胸背板略短宽，两侧弧形，基部最宽，刻点较稀小。小盾片为长三角形，末端钝，只基角有少量刻点。鞘翅宽大，肩部最宽，后外端缘呈圆弧形；背面遍布粗糙皱纹，白绒斑多为横向波纹状。

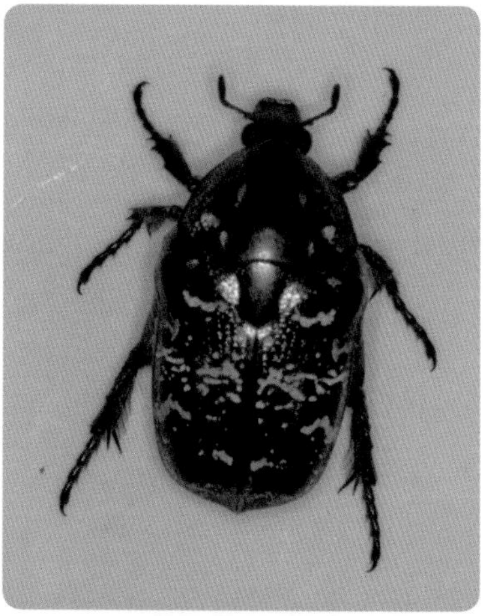

图20-2 成虫

发生规律 该虫1年发生1代，以老熟幼虫在有机质较丰富的粪堆、土壤中越冬。在华北和西北地区，成虫发生期为6月初至10月中旬，为害盛期为7月中旬至9月。成虫产卵盛期为6月上旬至7月上旬，在粪肥等地产卵，幼虫群居于腐质土壤或堆肥中。

防治方法 农业防治：加强田间管理，清洁田园，深翻土地，减少越冬幼虫。可用含有氨气的肥料驱避成虫；未腐熟粪肥用棚膜密封，阻止成虫产卵并高温杀死粪肥中卵及幼虫。果实膨大至成熟期可及时摘除被害枝梢，或利用成虫假死性，早、晚振落并收集成虫。

物理防治：向日葵花盘能够诱集白星花金龟成虫，可在果园周围种植向日葵。果实膨大至成熟期每天早上用袋子套住并敲打花盘，收集跌落成虫。果实膨大至成熟期以绵白糖：乙酸：无水乙醇：水以3：1：3：2的比例配制成糖醋酒液，倒入粉红或橙色诱捕器，离地面1.5 m位置悬挂以诱捕成虫，诱液内可放入腐烂的葡萄增加诱集效果，每15 d补充1次糖醋酒液。果园内安装诱虫灯诱捕成虫，或在园区固定位置堆积有机肥料引诱成虫，定期捕杀。

化学防治：葡萄封穗期成虫为害严重时，树上喷施杀虫剂1～2次防治成虫，可选用10%高效氯氰菊酯2 000～3 000倍液，或10%吡虫啉可湿性粉剂2 000～3 000倍液，或0.3%苦参碱水剂200～400倍液，或苏云金杆菌1 000倍液，或0.5%藜芦碱1 000倍液，或1%苦皮藤素1 000倍液，或球孢白僵菌1 500倍液等。葡萄果期可用1%苦皮藤素1 000倍液或苏云金杆菌1 000倍液处理粪肥毒杀卵、幼虫及成虫。

21 葡萄短须螨 *Brevipalpus lewisi* McGregor

别名刘氏短须螨，属蛛形纲真螨目细须螨科短须螨属。

分布与寄主 国内：辽宁、河北、北京、山东、河南、安徽、江苏、上海、四川、云南、台湾等地。国外：亚洲（格鲁吉亚、印度、伊朗、日本、黎巴嫩、塔吉克斯坦、土耳其）、欧洲（保加利亚、法国、希腊、匈牙利、黑山、葡萄牙、罗马尼亚、塞尔维亚、西班牙、乌克兰）、非洲（埃及、南非）、北美洲（古巴、墨西哥、美国）和大洋洲（澳大利亚）。

该螨为多食性害螨，除为害葡萄外，还为害柑橘、枇杷、连翘、金银木等多种园林植物。

为害症状 葡萄短须螨为害葡萄叶、新稍、果梗及果粒等。常在叶片背面活动，随着副梢的生长而逐渐向上转移为害；葡萄叶片受害后常出现褐色斑块，叶片反卷且多皱褶，严重时干枯脱落。新稍、叶柄、果穗、果梗受害后，表皮出现褐色或黑色颗粒状突起，易折断（图21-1）。果粒受害后发育异常，果皮表面出现浅褐色至深褐色锈斑，易碎裂（图21-2）；果实含糖量降低、酸度增高，严重影响葡萄的产量和品质。且由于早期落叶，抑制枝条生长和养分积累，能够影响翌年产量，造成更为严重的经济损失。此外，葡萄短须螨还能传播多种植物病毒。

图21-1 葡萄果梗被害状

图21-2 葡萄果实被害状

形态特征 卵：长约0.04 mm，宽约0.03 mm，卵圆形，鲜红色，有光泽。

幼螨：体长0.13 ~ 0.15 mm，体宽0.06 ~ 0.08 mm，鲜红色，足白色、3对。体两侧各有2根叶状刚毛，腹部末端周缘有8根刚毛。

若螨：体长0.24 ~ 0.3 mm，体宽0.1 ~ 0.11 mm，淡红色或

灰白色，后部扁平，有4对足；体末端周缘有8根叶片状刚毛（图21-3）。

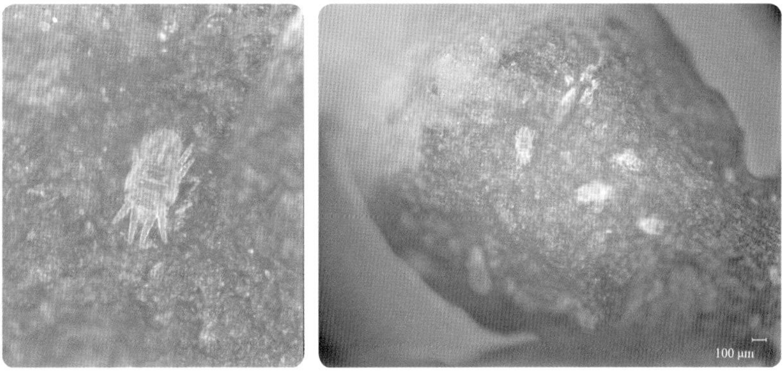

图21-3　若螨

成螨：雌成螨椭圆形，体长0.29 ~ 0.32 mm，体宽0.11 ~ 0.16 mm，紫褐色，眼点和腹背中央红色。体背中央呈纵向隆起，具不规则网状花纹，体后部末端上下扁平，背毛呈披针状。4对足皆粗短多皱纹，各足胫节有1根枝状感毛。雄成螨体型略小，末体较狭窄。

发生规律　1年发生6 ~ 8代，以雌成螨在多年生枝蔓裂缝内、叶腋及松散的芽鳞茸毛内群集越冬。在华北及华东地区，于翌年4月中下旬出蛰，为害刚展叶的嫩芽，半月左右开始产卵，卵散产，全年以幼、若、成螨为害植株绿色部位。7—8月为高峰期，10月下旬逐渐转移到叶柄基部和叶腋间，11月下旬进入隐蔽场所越冬。在新疆北疆地区，越冬雌成虫于5月上旬开始为害，5月上中旬开始产卵，7—9月为害高峰，11月中下旬进入越冬状态。

防治方法　农业防治：冬前清园，清除枯枝落叶、刮除翘起裂皮以消灭越冬雌成螨。改善葡萄棚架的通风透光条件，降低温湿度，可有效抑制该螨的发生。

生物防治：在田间保护和利用葡萄短须螨的常见天敌（植绥螨类、大赤螨类、西方盲走螨等捕食螨）。葡萄展叶期短须螨发生初期释放智利小植绥螨，每亩地释放2～3瓶（1 000头/瓶），14 d左右再释放1次，将捕食螨及其介质均匀撒在叶面。

化学防治：在葡萄萌芽期和落叶前喷施石硫合剂或矿物油乳油。分别在葡萄发芽后至开花前、落花后、采收前整株喷施杀螨剂1～2次，可选用10%浏阳霉素乳油1 000～1 500倍液，或5%噻螨酮乳油2 000～3 000倍液，或1.8%阿维菌素乳油3 000倍液，或0.5%藜芦碱可溶性液600～800倍液，或15%哒螨灵乳油1 500倍液，或5%唑螨酯悬浮剂1 000～1 500倍液，或24%螺螨酯4 000～6 000倍液等。

第三部分

为害枝干类害虫

22 葡萄透翅蛾 *Paranthrene regalis*（Butler）

属鳞翅目透翅蛾科准透翅蛾属。

分布与寄主 国内：吉林、辽宁、内蒙古、陕西、北京、天津、河北、河南、山东、山西、安徽、江苏、浙江、四川、重庆、贵州等地。国外：日本和朝鲜。

主要寄主为葡萄，还为害苹果、梨、桃等果树。

为害症状 葡萄透翅蛾幼虫蛀食新梢和老蔓。初龄幼虫从嫩梢蛀入髓部，随后转移至较粗大枝蔓为害，被害处膨大呈瘤状，蛀入孔有褐色虫粪（图22-1）。枝蔓易折断，叶片及果穗变黄枯萎，果实易脱落。

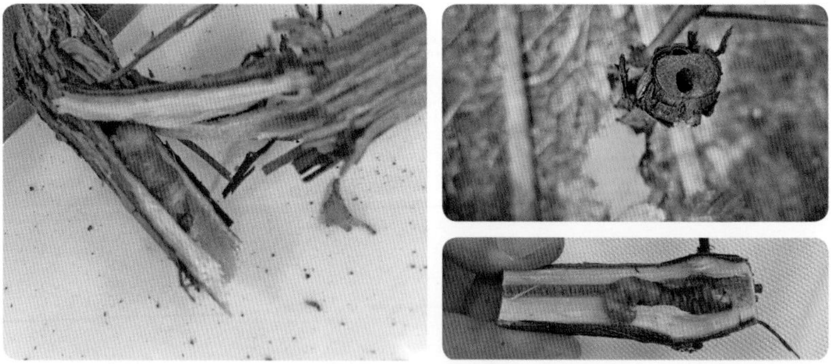

图22-1 幼虫为害葡萄树干特征

形态特征 卵：长1～1.2 mm，赤褐色，长椭圆形。

幼虫：初为乳黄色，老熟后为淡黄色或紫红色，体长38 mm左右，体呈圆筒形，头部红褐色，口器黑色（图22-2）。前胸背板有倒“八”字形纹，通体疏生细毛。3对胸足，爪黑色；腹足退化，仅留趾钩。

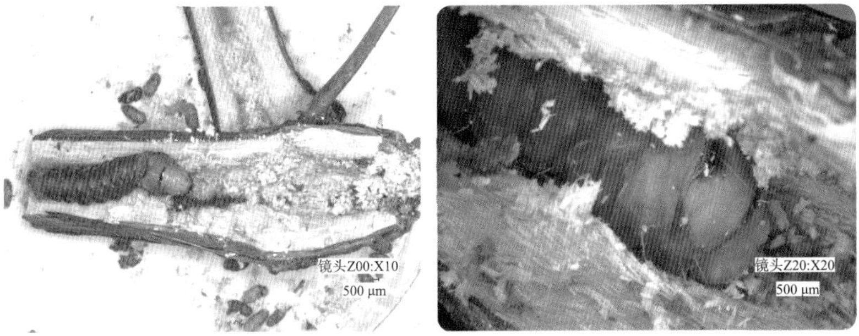

图22-2 葡萄透翅蛾老熟幼虫

蛹：长17～22 mm，椭圆形，红褐色。腹部第2～6节背面有两行刺，第7～8节背面有1行刺，末节腹面有1列刺。

成虫：似蜂，为中型蛾，体长17～22 mm，翅展28～38 mm，体黑色，略带有蓝色金属光泽。头前部、颈部、后胸两侧均为黄色，触角紫黑色。腹部有3条橙黄色横带，以第4腹节中央1条最宽。前翅红褐色，膜质部上鳞片为黄褐色，脉上鳞片呈紫黑色；后翅透明，前后翅缘毛为紫色。雄虫腹部末端左右各有1束长丛毛，雌虫腹部末端无丛毛。

发生规律 葡萄透翅蛾在大部分地区1年仅发生1代。该虫以老龄幼虫在受害枝蔓中越冬，翌年4月底至5月初葡萄发芽时开始活动化蛹。成虫多在5—6月葡萄开花期羽化，成虫产卵于芽腋、叶柄等处。幼虫孵化后，多从芽腋、叶柄等处蛀入嫩茎髓部，一般7月上旬前在当年生枝蔓内为害，7月中旬至9月下旬再转移到2年生老蔓内蛀食。10月之后刺激为害处膨大形成越冬室。老熟幼虫至11月上旬停止为害，进入越冬。

防治方法 农业防治：加强树体和水肥管理，保持良好的通风透光条件；冬季结合整形修剪，及时将被害枝蔓清除；花期快要结束时剪稍，清除虫卵。

物理防治：葡萄开花期（成虫羽化盛期）使用糖醋液诱杀成虫，或在果园外挂黑光灯诱捕成虫。葡萄花后在被害枝条上找到幼虫排粪孔剖茎杀灭幼虫。

生物防治：葡萄开花前在园区周围设置性诱诱捕器诱捕雄成虫。

化学防治：药剂防治的最佳时期是在成虫产卵期或孵化盛期。在该时期，可分别于开花前2～3 d以及落花后分别喷施化学药剂1～2次杀灭成虫、卵和初孵幼虫。可选用0.3%苦参碱1 500倍液，或2.5%高效氯氟菊酯乳油3 000倍液，或10%高效氯氰菊酯2 000～3 000倍液，或2%阿维菌素乳油3 000倍液。也可于幼虫期（非初孵幼虫期）用2.5%敌杀死乳油200倍液，或2.5%敌百虫乳油500倍液在排粪孔涂环，或用浸有80%敌敌畏乳油100倍液的棉球塞入虫孔，或用注射器将80%敌敌畏乳油1 000倍液注入虫孔，然后用泥封闭虫孔。

23 红缘亚天牛 *Asias halodendri* Pallas

属鞘翅目天牛科亚天牛属。

分布与寄主 国内：辽宁、内蒙古、北京、天津、河北、山东、山西、宁夏、甘肃等地。

国外：主要分布于蒙古国。

主要寄主植物包括葡萄、枣、苹果、枸杞、榆、刺槐、旱柳、榆叶梅等果树及园林植物。

为害症状 以幼虫蛀食为害，从叶柄下端蛀入枝干皮层及木质部，并深入髓部；长势衰弱的植株更容易受害；轻者植株生长势衰弱，部分枝干死亡；重者主干环剥皮，树冠死亡，造成风折干。

形态特征 卵：长2～3 mm，椭圆形，乳白色。

幼虫：乳白色，头小，缩在前胸内，外漏部分褐色或黑褐色。前胸背板前缘骨化、深褐色，有“十”字形淡黄色纹，非骨化部分“山”字形。

成虫：体长10～20 mm，宽3～6 mm，体黑色狭长，被细长灰白色毛，触角细长丝状11节超过体长。前胸宽略大于长，侧刺突短而钝，背面密布刻点。鞘翅狭长且扁，翅面被黑短毛，基部各具1朱红色椭圆形斑，外缘有1条朱红色窄纹。足细长（图23-1）。

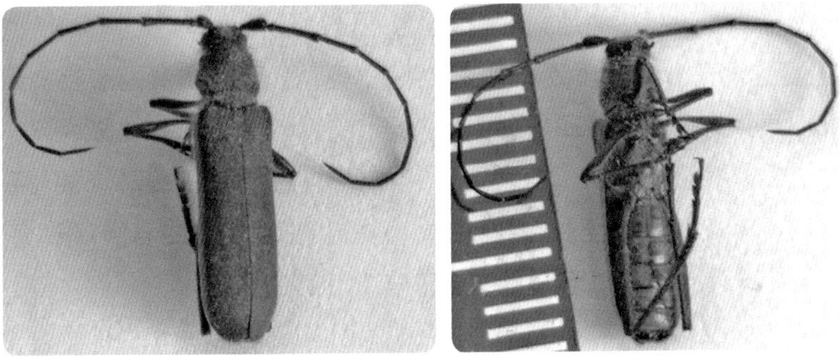

图23-1 成虫背面（左）和腹面（右）

发生规律 在河北等地1年发生1代，幼虫在木质部接近髓心处的蛀道内越冬。幼虫在2月底3月初开始活动，在蛀道内取食；3月中旬至4月上旬在虫道上方化蛹；4中旬至5月下旬羽化成虫，成虫出孔取食叶片及花补充营养，卵散产于枝干表面；卵经半月左右即孵化，幼虫10月以后进入越冬。

防治方法 农业防治：合理施肥灌溉，保持树势，提高抵抗力。及时剪除被害枯梢、衰弱枝、枯死枝条，集中烧毁，以减少虫源。在成虫发生期，组织人力及时捕捉成虫，集中消灭。

物理防治：于葡萄展叶期开始在果园周边悬挂诱虫灯，诱杀成虫。

生物防治：保护和利用自然天敌啄木鸟、喜鹊、壁虎、寄生蜂等。于葡萄萌芽期幼虫为害期间，释放1次管氏肿腿蜂，释放量为2 000头/亩，或释放花绒寄甲卵或成虫1 000头/亩。

化学防治：分别于葡萄开花前及落花后对枝干喷施10%高效氯氰菊酯2 000～3 000倍液，防治成虫、卵及幼虫。针对枝蔓内幼虫，可用注射器向虫孔内注射50%敌敌畏乳油500倍液然后用泥封堵虫孔。

24 葡萄虎天牛 *Xylotrechus pyrrhoderus* Bates

别名葡萄脊虎天牛，属鞘翅目天牛科脊虎天牛属。

分布与寄主 国内：东北、华北、华东、华中各葡萄产区皆有分布。国外：日本。

只为害葡萄。

为害症状 葡萄虎天牛主要以幼虫在一年生结果母枝内蛀食为害，在木质部纵向蛀食，环行蛀食髓部，造成不规则的螺旋形蛀孔道（图24-1），把枝条蛀空，使其充满虫粪、木屑。有时横向咬食而将枝蔓蛀断，再逐渐转向枝梢，造成新梢萎蔫或枯死。被害部位的表皮变黑，蛀道内塞满虫粪，导致枝蔓枯死易风折，以致每年5—6月间出现新梢凋萎断蔓现象，对葡萄生产影响较大。

形态特征 卵：椭圆形，一端稍尖，乳白色。

幼虫：老熟幼虫体长约为17 mm，淡黄色，全体粗生细毛。头小，无足。前胸背板宽大，淡褐色，后缘有山字形细凹深沟纹；中胸至第8腹节背腹面有肉状突起（图24-2）。

蛹：体长约为15 mm，淡黄白色。

成虫：体长15～28 mm，头部黑色，额部纵脊不甚明显。前胸暗赤色，略呈球形，前胸背板表面有颗粒状刻点。鞘翅黑色，基部有“X”形黄色斑纹，近末端有1个黄色横纹。

图24-1 葡萄树干被害状

图24-2 葡萄虎天牛幼虫

发生规律 葡萄虎天牛在山东等地1年发生1代，并以2～3龄幼虫在被害枝蔓内越冬。5月越冬幼虫开始活动，继续蛀食枝蔓木质部及髓部；7月上旬老熟幼虫化蛹；7月中旬至9月羽化盛期，成虫出孔将卵散产于芽鳞片间隙处或芽与叶柄之间；初孵幼虫由芽部蛀入嫩枝，并向老枝方向蛀食，11月进入越冬状态。

防治方法 农业防治：冬季修剪受害变黑的枝蔓以消灭越冬幼虫；生长季及时清除有虫枝条，或用铁丝或细钉将萎蔫枝条内虫子钩出杀死。

物理防治：于葡萄幼果期开始，在果园周边悬挂幼虫灯，以诱杀成虫。

生物防治：可于葡萄萌芽期幼虫为害期间释放1次管氏肿腿蜂，释放量为2 000头/亩。以1 000头/亩的释放量释放花绒寄甲卵或成虫。

化学防治：于果实膨大至成熟期对树干喷施1.8%阿维菌素乳油2 000～2 500倍液2～3次，防治成虫、卵及幼虫。针对枝蔓内幼虫，也可用注射器向虫孔内注射50%敌敌畏乳油500倍液，然后用泥封堵虫孔。

25 光滑足距小蠹 *Xylosandrus germanus* Blandfor

别名光滑材小蠹，属鞘翅目小蠹科足距小蠹属。

分布与寄主 国内：安徽、福建、陕西、湖北、四川、云南、西藏等地。国外：朝鲜、欧洲、北美、东南亚等国家和地区。

寄主植物包括葡萄、苹果、山桃、白桦、冬青等多种果树和林木。

为害症状 雌成虫在葡萄树干下部修筑侵入孔及坑道（图25-1、图25-2），坑道完成后用木屑封住侵入口，坑道内有青灰色菌圃及幼虫粪便，坑道周围组织变褐。为害严重时，大量侵入孔聚集在树干中下部，阻断树木输导组织，导致树势衰弱甚至死亡。

图25-1 光滑足距小蠹在葡萄树干上的蛀孔

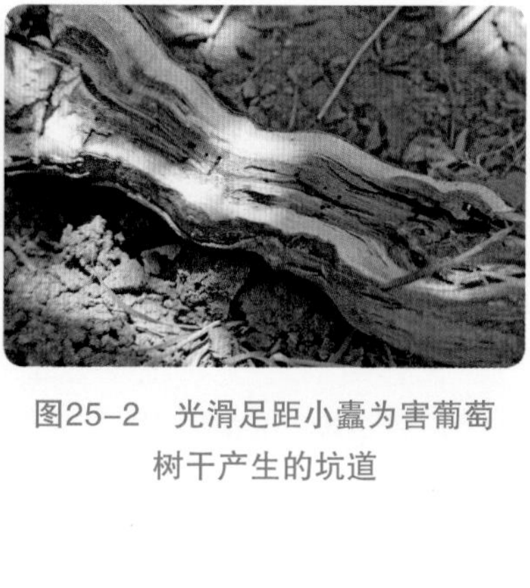

图25-2 光滑足距小蠹为害葡萄树干产生的坑道

形态特征 卵：长椭圆形，长0.5 ~ 0.6 mm，径约0.2 mm，乳白色且晶莹光亮，有黏性，经常多粒卵粘在一起。

幼虫：乳白色，无足，体肥，“C”形弯曲且具皱纹（图25-3）。老熟幼虫长约2.5 mm。

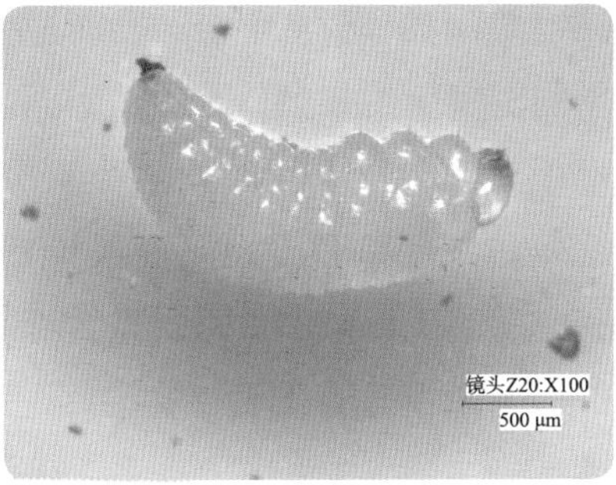

图25-3 光滑足距小蠹幼虫

蛹：雌蛹长2.1 ~ 2.5 mm，雄蛹长1 ~ 1.3 mm，乳白色发育至浅褐色。离蛹，触角、翅、足均裸露在体外。

图25-4 光滑足距小蠹成虫

成虫：雌雄二型性，雌成虫体长2 ~ 2.3 mm，体表光亮，红褐至黑褐色（图25-4）；复眼肾形，前缘中部缺刻圆钝，深陷约达眼宽一半；触角为赤红色膝状，锤状部卵圆形。前胸背板长宽近等，前窄后宽，顶部圆凸，前半部为鳞状瘤区，后半部为刻点区，光亮、平滑、少毛。中胸背板腹面有2个部分融合的贮菌器；小盾片呈三角形，顶角圆钝，平而光滑。鞘翅平滑光亮，背面观两侧缘直，在约1/4处急剧收尾；侧面观弓曲均匀，有明显的后侧缘边；刻点沟浅，规则，无毛，沟间部的毛起自翅中部，止于翅端，成细弱毛列，毛向后倒。雄虫体长约1.7 mm，后翅退化不能飞行，前胸背板弓突，没有贮菌器。

发生规律 在鄂西1年发生1代，4月上旬至5月中旬为侵入期。5月上旬开始产卵，6月下旬仍有少量成虫产卵，经一周孵化。幼虫期为5月中旬至7月中旬。蛹期为6月中旬至7月下旬。6月下旬至8月上旬为羽化期。9月上旬成虫逐渐进入越冬阶段。在成都地区每年发生3～4代，以雌成虫在主干基部越冬，朽木内越冬成虫较多。每年3月中旬雌成虫自越冬场所飞出，在主干基部修筑侵入孔及坑道，随后所有虫态均在坑道内；于4月中旬产卵，5月可见第1代成虫，7—8月成虫出孔，并在主干上部或枝条修筑新的侵入孔和坑道；5—9月各虫态世代重叠，11月以成虫进入越冬。

防治方法　农业防治：加强田间管理，及时剪除被害枝蔓、清除腐朽枝干及植株。葡萄萌芽期在葡萄行间摆放萎蔫的白萝卜诱集雌成虫聚集，并及时清理白萝卜。

生物防治：保护和利用鸟类、寄生蜂、线虫等自然天敌。

化学防治：于葡萄萌芽期越冬成虫出孔开始，以2.5%高效氯氟氰菊乳油100倍液，或绿僵菌制剂混细土涂干，每隔10～13d用1次药，连续使用3～4次，或用2.5%高效氯氟氰菊酯乳油2 500倍液对枝干喷雾。发现虫孔后，以50%敌敌畏乳油注入虫孔熏蒸。

26 二突异翅长蠹 *Heterobostrychus hamatipennis* Lesne

属鞘翅目长蠹科异翅长蠹属。

分布与寄主　国内：浙江、江西、福建、台湾、广东、广西、云南、四川、湖北、辽宁、河北、山东等地。国外：东南亚各国、美国夏威夷州和佛罗里达州、大洋洲密克罗尼西亚及非洲马达加斯加、毛里求斯、科摩罗。

主要寄主植物有桑、柳、橡胶、芒果、葡萄等林木果树。

为害症状 成虫进入枝条内部取食并产卵，由上到下在枝条表面留下圆形蛀孔，枝条内有纵行和环形虫道（图26-1），受害处堆积木屑（图26-2），潮湿时蛀孔处有白沫。幼虫在枝条内部钻蛀出纵横交错的坑道，排泄物及木屑堆积在坑道内，不易被发现，可导致树势衰弱、枯枝至死亡。

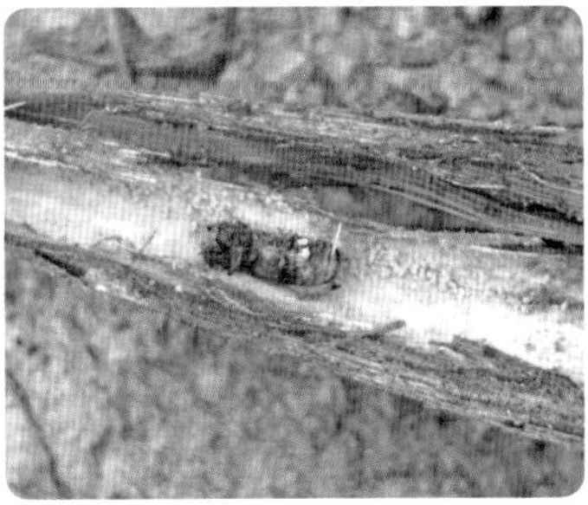

图26-1 二突异翅长蠹为害葡萄枝条产生的虫道

图26-2 葡萄枝条受害处的木屑

形态特征 卵：长2～3 mm, 宽1.5～1.8 mm，椭圆形，表面光滑有光泽, 由乳白色发育至淡黄色。

幼虫：乳白至淡黄色，蛴螬形，上颚黑色（图26-3）。

蛹：体长8～12 mm，由米白色发育至暗红到黑色（图26-4）。

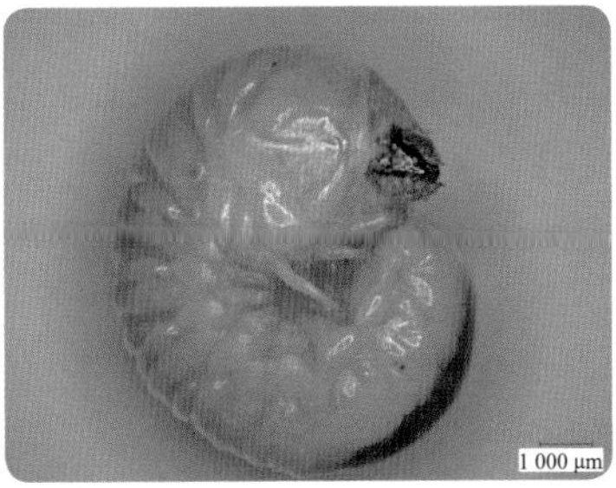

图26-3 二突异翅长蠹老熟幼虫

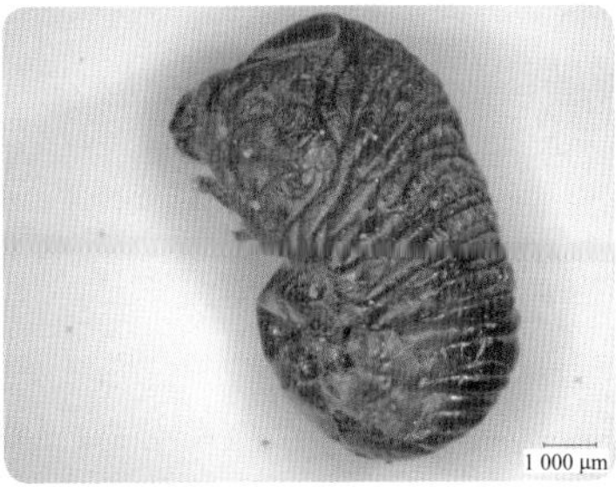

图26-4 二突异翅长蠹蛹

成虫：体长9.5～13.0 mm，宽2.8～4.0 mm，圆筒形，体赤褐色至黑褐色，触角黄褐色，体背被稀疏贴伏黄色短毛。头前额中线明显，前缘中间略凹缘，表面密被向前生长的黄褐色毛；头背颗粒密，后头具平行短纵脊。前胸背板长大于宽，强烈隆起，前半部密布锉状齿，后半部无齿突，基半部密布扁平颗粒；小盾片方形，在近中部隆起；鞘翅基部比前胸背板中部窄，肩角明显隆起，前翅翅缝两侧基部隆起呈长三角形，翅面刻点深圆或呈不规则椭圆形，第3行间明显隆起。雄成虫鞘翅斜面近中部两侧具1对柱状强齿突，略向内弯，端缘明显增厚，略翘起；雌成虫仅具1瘤状突起，翅端缘不明显增厚。

发生规律 在江浙、安徽及四川等地1年发生2代，老熟幼虫在枝条及木材蛀道内越冬。每年3月下旬越冬幼虫开始活动，4月下旬至5月上旬化蛹，越冬代成虫5—7月出现，成虫于傍晚转移至新枝条为害并在蛀道内产卵。第1代幼虫于6月上旬初现，8月上旬开始化蛹，8月中下旬至9月成虫出现并产卵。9月中旬第2代幼虫出现并继续为害，并于11月发育至老熟幼虫并进入越冬状态。

图26-5 成虫背面（左）、腹面（中）和侧面（右）

防治方法 农业防治：集中清理枯死枝梢，减少果园虫源。

物理防治：在秋冬季在树干主枝和一级分枝上喷涂一层液态国光松尔膜，自然风干后在树皮上形成一层保护膜，可防止成虫外出。葡萄落花后安装杀虫灯，诱杀成虫。

生物防治：分别在葡萄萌芽期、果实膨大期及采收后喷施苏云金芽孢杆菌1×10^8孢子/ g或者白僵菌100～200倍液防治幼虫，或以500～1 000头/ml的浓度往蛀孔内注入斯氏线虫，防治幼虫。

化学防治：往蛀孔内注入90%敌百虫或80%敌敌畏50～100倍液，防治蛀道内幼虫。在果实膨大期及果实采收清园后往树干喷施4.5%高效氯氰菊酯乳油2 000倍液，或40%噻虫啉悬浮剂2 000倍液。

27 洁长棒长蠹 *Xylothrips cathaicus* Reichardt

鞘翅目长蠹科长棒长蠹属。

分布与寄主 洁长棒长蠹主要分布在我国的北京、河南、河北地区。

主要寄主是葡萄、国槐、栾树等林木果树。

为害症状 洁长棒长蠹可从葡萄枝条基部至中部的芽基处水平蛀入内部，蛀孔圆形；蛀道内干净光滑，粪便及木屑被清出蛀道；蛀道附近髓心变褐色，枝条上的芽体不能正常萌发。为害严重时，枝条上布满圆形蛀孔，整个枝条光秃，萌发的嫩芽干枯死亡（图27-1）。

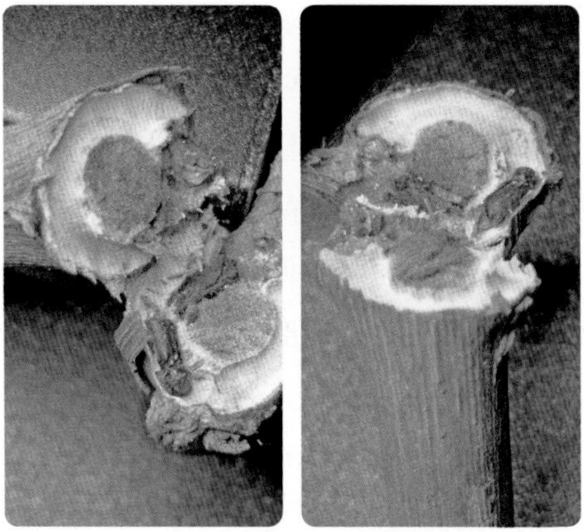

图27-1　葡萄枝条被害状

形态特征　成虫：体长5～7.5 mm，宽1.5～2.5 mm，具强光泽，红褐色至黑褐色；头略隆起，前额扁平略向前缘倾斜，颗粒细密，具中纵脊，被稀疏竖立长毛。前胸背板宽明显大于长，最大宽度在基1/3处，两侧后部宽圆，前半部有稀疏短毛且密布不规则齿状凸起，后侧平滑而光亮且无毛。鞘翅基部比前胸背板略宽，翅表面平滑无毛，刻点均匀细密而浅；鞘翅后缘几乎垂直下斜，斜面上缘两侧各具4个钝圆瘤突；端缘不增厚和隆起，略扁平（图27-2）。

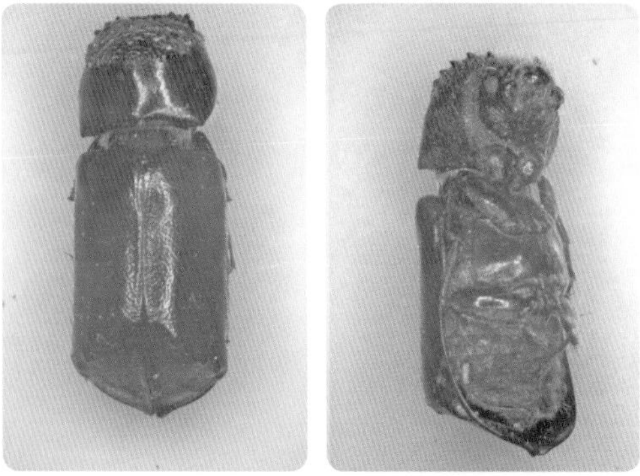

图27-2　成虫背面（左）和腹面（右）

发生规律　洁长棒长蠹在北京1年发生1代，成虫在蛀道内越冬，春季葡萄萌芽期开始为害，在蛀道内产卵、化蛹和羽化。

防治方法　农业防治：葡萄园周围不能栽种松、柏、槐树等树种；加强田间管理，及时修剪被害枝条、清除腐朽枝干及植株。

化学防治：葡萄萌芽期看到蛀孔后，往蛀孔内注入2%噻虫啉微囊悬浮剂1 000倍液，每隔10～13 d用1次药，连续使用3～4次，防治蛀道内各虫态蠹虫。

28 日本双棘长蠹 *Sinoxylon japonicum* Lesne

属鞘翅目长蠹科双棘长蠹属。

分布与寄主　国内：北京、天津、河北、山东、河南、江苏、四川、云南、陕西、宁夏等地。国外：日本。

寄主植物主要有槐、白蜡、柿、葡萄等林木果树。

为害症状　日本双棘长蠹以成虫和幼虫为害葡萄枝干。成虫从芽基部蛀入，蛀道环形（图28-1、图28-2），蛀孔外有大量木屑；幼虫沿导管方向钻蛀，蛀道从下往上变粗，被木屑塞满。该虫发生严重时枝条表面布满蛀孔，内部虫道交错，导致枝条枯萎或风折。

形态特征　成虫：成虫体长5.2～5.6 mm，宽1.8～2.0 mm，圆筒形，黑褐色，头前缘无小瘤突，但沿前缘渐斜；触角棒状，末端3节强烈横生。前胸背板帽状，最大宽度在中部，前角有1钩状小齿；前半部密布大小不等的齿突，后半部有细微颗粒和白短毛；沿两侧缘各有3～4个大锯齿。小盾片方形；鞘翅表面有稀疏贴伏黄色短毛，刻点粗密有皱而不规则，几乎不成列行间；鞘翅斜面弓形急下弯，斜面近中部缝缘两侧有1对直立小锥形齿，该齿表面有皱，被细柔毛，端钝，从翅缝到齿之间有一模糊横脊相连，翅缝缘宽而弱隆起，沿缝缘外侧略具小齿（图28-3）。

图28-1　蛀孔

图28-2　蛀道

发生规律　北京、河南地区1年发生1代，成虫在葡萄枯枝、蒿草以及槐树的弱枝、枯枝上的蛀孔内越冬。越冬雄成虫3月中下旬至4月初出孔活动，搜寻雌成虫进行交配并在蛀道内产卵，4—6月为幼虫期，6月底羽化成虫，7月成虫出孔转移为害，5月中下旬至8月为害最严重，10月上旬转移至越冬枝条蛀孔准备越冬。

图28-3　日本双棘长蠹成虫的背面和腹面

防治方法　农业防治：加强栽培管理，合理灌水施肥，增强树势，提高树体的抗害能力。结合冬季修剪，剪除受害的枝条，集中烧毁，消灭越冬虫源，有效降低虫源基数。

生物防治：于葡萄盛花期幼虫为害期间，释放1次管氏肿腿蜂，释放量为2 000头/亩。

化学防治：日本双棘长蠹出孔期是防治关键时期。分别在葡萄萌芽期及果实膨大期向枝干喷施杀虫剂2～3次，可选用4.5%高效氯氰菊酯乳油1 000倍液，或1%印楝素·苦参碱乳油800倍液，或球孢白僵菌1 500倍液等。可在葡萄落叶后（越冬前期）喷施1次球孢白僵菌1 500倍液。也可采用木屑拌敌敌畏堵蛀孔（80%敌敌畏乳油原液1 mL，加适量水再加20 g木屑拌成糊状，于6月下旬至8月上旬上午10点前施用）。

第四部分

为害葡萄多部位害虫

29 绿盲蝽 *Apolygus lucorum*（Meyer-Dür）

别名绿后丽盲蝽，属半翅目盲蝽科后丽盲蝽属。

分布与寄主 国内：河北、河南、山西、吉林、黑龙江、福建、江西、湖北、湖南、贵州、云南、陕西、甘肃、宁夏。国外：俄罗斯等欧洲国家，日本等亚洲国家，埃及、阿尔及利亚等非洲国家，以及北美洲多个国家。

图29-1 葡萄叶片被害状

绿盲蝽为多食性害虫，寄主植物有棉花、葡萄、枣树等140多种植物，是我国葡萄的主要害虫之一，在长江流域和黄河流域的葡萄产区为害较重。

为害症状 绿盲蝽以成虫和若虫刺吸葡萄嫩芽、新稍、嫩叶、幼果等幼嫩组织。葡萄新梢嫩芽受害后，形成红褐色坏死点，影响萌芽展叶，随芽叶展开，小点变成不规则孔洞（图29-1）。花蕾受害后停止发育并萎缩掉落。幼果受害后果面呈现不规则黑色斑点，随果实膨大黑色斑点变为褐色或黑褐色不规则疮痂，进而抑制果实膨大，严重影响葡萄产量和品质。

形态特征 卵：长约1 mm，长口袋形，初产乳白色，发育至黄绿色，孵化前出现红色眼点。卵盖长椭圆形，中央凹陷，前后端凸起，边缘无附属物。

若虫：若虫5个龄期，初孵时淡绿色，随龄期增长体色加深至鲜绿色。复眼由黄褐色发育至灰色。翅芽于3龄开始出现，达腹部第1节，5龄时伸达腹部第5节，尖端黑褐色。

成虫：体长5 mm左右，绿色，复眼红褐色。触角淡褐色，丝状，4节，比身体短。前胸背板深绿色，密布黑色刻点。前翅膜质部分暗灰色，其余绿色。足淡绿或淡黄绿色（图29-2、图29-3）。

图29-2　葡萄叶片上的成虫

图29-3　性诱诱捕器诱集的成虫

发生规律 绿盲蝽1年发生4～5代，在葡萄整个生育期都有发生，其中第1第、2代为主要为害代。该虫在江苏、河北、河南和山东等地以卵越冬。在华北地区，冬卵一般在2月上中旬解除滞育，进入发育期，4月上中旬冬卵孵化，5月上中旬羽化为成虫，5月下旬至6月中下旬达到第1次成虫高峰期，8月下旬至9月中下旬达到第2次成虫高峰期，11月成虫开始陆续死亡。绿盲蝽的发生与葡萄生长发育有关，第1代若虫孵化高峰出现在葡萄萌芽期，主要取食为害葡萄嫩芽；第2代若虫在葡萄花期至幼果期达到孵化高峰，为害葡萄的花序和幼果；第2代成虫羽化后开始部分转移至附近果园和苗圃等处为害，部分仍留在葡萄园取食为害；第3、第4代成虫仍有部分转移扩散到果园外为害，因修剪和清理副梢及喷洒药剂等原因，园内虫量比较少，对葡萄造成的为害较轻；第5代成虫于葡萄成熟中后期开始大量迁回葡萄园产卵越冬。

防治方法 农业防治：葡萄收获后，及时清除葡萄树下及周边杂草，以减少、切断绿盲蝽越冬虫源；在葡萄萌芽前剪除带卵枝条，清除早春寄主上的虫源；葡萄生长期间，及时清除果园内外杂草，消灭其中潜伏的若虫和卵。绿盲蝽成虫偏好高水肥田块和含氮量高的植株及植物组织，应控制氮肥过量使用。

物理防治：葡萄发芽后，在园内悬挂黄板诱集成虫，每亩挂20～30块黄板，或在树干涂抹粘虫胶黏附绿盲蝽。在整个葡萄生长期间，可以在园区周边安装诱虫灯诱捕成虫。

生物防治：绿盲蝽自然天敌有瓢虫、草蛉、蜘蛛等，应尽量使用对天敌友好的杀虫剂以减少对天敌的伤害。

化学防治：药剂防治的适宜时间在早晨和傍晚，应着重对树干、地面杂草及行间作物喷施，以达到较好的防治效果。早春葡萄发芽前，喷施石硫合剂，消灭越冬卵及初孵若虫；葡萄2～3叶期和开花前2～3 d各施药1次，在该期间的4～6叶期则根据往年发生情况及干旱情况决定是否增加1次施药；落花后及小幼果期可根据绿盲蝽发生情况进行1～4次喷约。可选用10%高效氯氰菊酯乳油2 000～3 000倍液，或3%啶虫脒乳油2 000～2 500倍液，或10%吡虫啉乳油2 000～3 000倍液，或2.5%高效氯氟氰菊酯乳油2 000～3 000倍液，或0.38%苦参碱乳油600倍液，或3%印楝素乳油1 000倍液等。

30 蓟马类

葡萄上常见蓟马类属缨翅目蓟马科，包括蓟马属棕榈蓟马*Thrips palmi* Karny、烟蓟马*Thrips tabaci* Lindeman、黄胸蓟马*Thrips hawaiiensis* Morgan；花蓟马属西花蓟马*Frankliniella occidentalis* Pergande、花蓟马*Frankliniella intonsa* Trybom；硬蓟马属茶黄硬蓟马*Scirtothrips dorsalis* Hood。其中，烟蓟马、西花蓟马和茶黄硬蓟马是许多地区葡萄上的优势种。

分布与寄主 蓟马类广泛分布于世界各地，寄主范围广。西花蓟马在国内主要分布于北京、山东、河南、陕西、江苏、安徽、浙江、湖北、福建、广东、海南、广西、重庆、四川、贵州、云南、新疆、宁夏、内蒙古等地，寄主多达900种，为害各种蔬菜、花卉、水果等植物。烟蓟马在国内分布遍于所有省（区、市），以北方发生较重；国外分布于朝鲜、日本、蒙古国、印度、菲律宾等世界各大洲，为害烟草、棉花、柑橘、葡萄、苹果等355种植物。

图30-1 葡萄果实被害状

为害症状 蓟马类主要以若虫和成虫锉吸花、幼果、嫩叶和新梢表皮细胞的汁液为害。幼果被害部位失水干缩，形成小黑斑，随果粒膨大果面形成黄褐色木栓化锈斑，严重时造成裂果（图30-1），整穗果实变褐、干枯，影响商品价值及产量。叶片受害后出现退绿黄褐斑，叶片变小、卷曲畸形、干枯（图30-2）。被害的新梢生长受到抑制。此外，蓟马类还能传播多种病毒，进而加重对葡萄的为害。

图30-2 葡萄叶片被害状

形态特征

烟蓟马

卵：乳白色，侧看为肾形，长约0.3 mm。

若虫：全体淡黄色，触角6节，4龄（伪蛹）翅芽明显。

成虫：具长翅型和短翅型。雌成虫体长约1.2 mm，淡棕色。头宽大于长，单眼间鬃较短，位于3个单眼中心连线外缘。触角7节，第3、第4节感觉锥叉状，第1节色淡，第2和第6～7节灰棕色，第3～5节淡黄棕色，第4～5节末端色较浓。前胸稍长于头，后角有2对长鬃。翅淡黄色，前翅前脉基鬃7根或8根，端鬃4～6根，后脉鬃15根或16根。腹部第2～8节背片前缘有两端略细的栗棕色横条，腹部第5～8节两侧有微型弯梳，第8节后缘梳完整。

西花蓟马

卵：肾形，长约0.2 mm，乳白色。

若虫：1龄若虫无色透明，2龄金黄色，3龄、4龄白色，3龄若虫（前蛹），有胸足和翅芽，触角直立、发育不全，4龄若虫（伪蛹），触角发育完全，翅芽和足变长。

成虫：雌成虫体长1.2 ~ 1.7 mm，长翅，体色多变，黄色至褐色。头部头宽大于长，单眼三角形前部着生3对单眼鬃；触角8节，第3 ~ 4节感觉锥叉状，第3 ~ 5节黄色、端部棕色。前胸有5对主要鬃，其中4对较发达；后胸背板前缘有2对鬃，通常有钟形感器。前翅白色，鬃列完全，鬃色深。腹部第5 ~ 8节背板有成对的微弯梳，第8节微弯梳在气孔前外侧、后缘梳完整。雄成虫小于雌虫，颜色稍白，腹部第8节背板无后缘梳，第3 ~ 7节腹板有横的腺域。

茶黄硬蓟马

卵：肾形，长约0.2 mm，由半透明乳白色发育至淡黄色。

若虫：初孵若虫白色透明，触角粗短，以第3节最大，头、胸约占体长的一半，胸宽于腹部。2龄若虫体长0.5 ~ 0.8 mm，淡黄色。3龄若虫（前蛹）黄色，触角第1 ~ 2节大，第3节小，第4 ~ 8节渐尖，翅芽白色透明，伸达第3腹节。4龄若虫（伪蛹）黄色，触角倒贴于头及前胸背面，翅芽伸展。

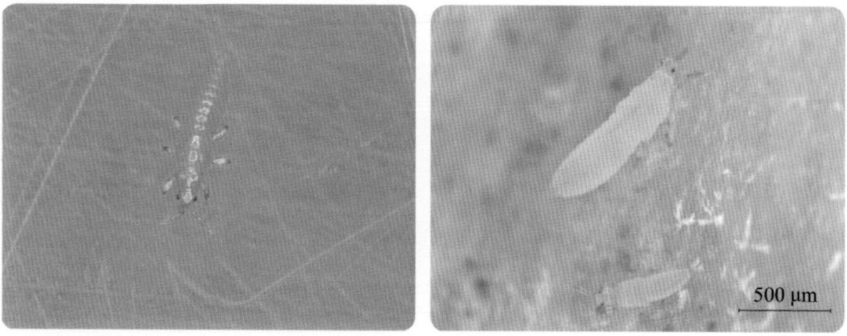

图30–3　若虫

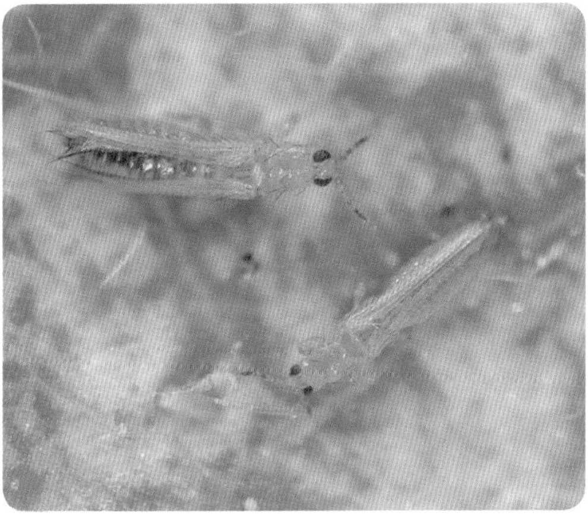

图30-4 成虫

成虫：雌虫体长0.8～1 mm，雄虫体长约0.8 mm，体橙黄色，头部前缘和中胸背板前缘灰褐色。单眼间鬃位于两后单眼前内侧的3个单眼内线连线之内。触角8节，暗黄色，第3～4节上有锥叉状感觉圈，第4～5节基部具1细小环纹。前翅窄，橙黄色，近基部有1小的淡黄色区。

发生规律 蓟马类主要营孤雌生殖，雌成虫将卵产在植物组织内。1、2龄若虫及成虫在植物幼嫩组织上为害，3、4龄若虫分别以前蛹和伪蛹状态存在土中。

西花蓟马：西花蓟马在我国温暖的南方可全年发生，而气象条件适宜及具备越冬场所时，在我国北方大部分地区也可严重发生。西花蓟马在葡萄萌芽后即从周边杂草及果蔬上转移至葡萄上为害。

烟蓟马：在华北地区1年发生3～5代，黄河流域1年发生8～10代，新疆地区1年发生4～6代，长江流域1年发生10代以上，多以成虫和若虫在枯枝杂草上越冬，少数以伪蛹在土中越冬。该虫于春季先在葱、蒜、杂草等越冬寄主上为害，5月下旬葡萄初花期开始转移至葡萄为害花和幼果，5月中下旬至6月中旬及8月是为害高峰期，7—8月世代重叠为害。9月虫口逐渐减少，迁移至越冬寄主上为害，至10月末进入越冬状态。

茶黄硬蓟马：该虫在长江流域1年发生多代，以蛹越冬。第1代成虫于5月达高峰，第2代于6月中下旬达高峰，以后世代重叠。在广西，该虫在葱、萝卜、菜心及杂草上越冬，3月下旬开始转移至葡萄嫩叶上繁殖为害，发生高峰期分别在5—6月上旬及8—10月，直到12月下旬进入越冬。

防治方法 农业防治：冬剪后进行深翻、冬灌，冬春及时清园、集中消灭葱蒜上的蓟马以减少越冬虫源。

物理防治：葡萄开花前至果实采收期间，在园内悬挂中央粘贴食诱剂的蓝板（每亩3张）、信息素诱黄板（每亩20张）诱杀成虫，每月更换1次；或安装诱虫灯诱杀成虫或与茴香醛、异烟酸甲酯等引诱剂集合诱捕成虫。葡萄生长季覆盖地膜以阻断蓟马入土化蛹。

生物防治：园内发现有蓟马后可选择人工释放捕食性天敌昆虫进行防治，东亚小花蝽每7～10 d释放1次，连续释放2～3次，每次释放200～300头/亩，将小花蝽及其介质均匀撒在葡萄根部；胡瓜钝绥螨和巴氏新小绥满每1～2个月释放1次，每亩每次释放3～4瓶（2.5万只/瓶），将捕食螨及其介质均匀撒在叶面。喷施绿僵菌、球孢白僵菌。

化学防治：葡萄开花前或初花期是防治的关键时期。在葡萄开花前1～2 d喷施1次杀虫剂，落花后封穗前根据为害情况再喷施1～3次杀虫剂。可选用6%乙基多杀菌素，或10%高效氯氰菊酯2 000～3 000倍液，或10%吡虫啉2 000～3 000倍液，或1.8%阿维菌素乳油5 000倍液，或25%噻虫嗪水分散粒剂10 000倍液，或70%啶虫脒水分散粒剂5 000倍液，或0.3%印楝素乳油150～225 ml/hm^2，或0.38%苦参碱乳油400～800倍液等。另外，还可以在葡萄园周围种植黄金菊和蓝花鼠尾草诱集蓟马，以便集中施用杀虫剂。

31 葡萄根瘤蚜 *Daktulosphaira vitifoliae* Fitch

属半翅目根瘤蚜科根瘤蚜属。

分布与寄主 葡萄根瘤蚜是世界范围内为害葡萄的主要害虫之一，也是重要的检疫性有害生物。原产于美国，目前几乎已经蔓延到世界上所有主要的葡萄栽培区。国内：山东、辽宁、陕西、上海、广西、湖南等地的局部地区零星出现。国外：非洲、亚洲、欧洲、北美洲、南美洲和大洋洲。

葡萄根瘤蚜属于单食性葡萄害虫，只为害葡萄属作物，分为叶瘿型和根瘤型。

为害症状 葡萄根瘤蚜以成虫和若虫吸食葡萄根部和叶部汁液，其中为害根部的称为“根瘤型”，为害叶部的称为“叶瘿型”。叶片被害后在叶背形成颗粒状的虫瘿，并凸起似囊，受害严重时可导致过早落叶和枝条生长迟缓。新生根部被害后形成结节，而成熟木质化根被害后形成瘤状突起，阻塞木质部维管系统，最终导致根部开裂（图31-1）。根部受害后为病原菌的侵入和繁衍创造了有利的条件，促进被害根系的进一步腐烂。被害株树势逐步衰弱，果实的产量和品质下降，最终造成植株死亡。

图31-1　葡萄根瘤蚜为害葡萄根部

注：广西特色作物研究院宋雅琴副研究员拍摄。

形态特征 孤雌卵：干母及干雌产的卵，长0.25 ~ 0.29 mm，宽0.12 ~ 0.15 mm，长椭圆形，初产淡黄色，有光泽，后发育至暗黄绿色。

两性卵：有翅蚜产下的卵，大的卵为雌性卵，长0.35 ~ 0.5 mm，宽0.15 ~ 0.18 mm；小的为雄性卵，长约0.28 mm，宽约0.14 mm。

根瘤型无翅孤雌蚜：体卵圆形，体长1.15 ~ 1.50 mm，宽0.75 ~ 0.90 mm，淡黄至黄褐色，有时淡黄绿色。体表及腹面明显有暗色鳞形至棱形纹隆起，体缘包括头顶有圆形微突起，胸、腹各节背面各1横行深色大瘤状突起。气门6对，大圆形。中胸腹岔两臂分离。体毛短小，不明显。头顶弧形，眼由3小眼组成。触角3节，粗短，有瓦纹，第3节基部顶端有一圆形感觉圈，末端有3根刺毛。喙粗大，伸达后足基节，有2或3对极短刚毛。无腹管，尾片末端圆形，有毛约6 ~ 12根；尾板圆形，有毛9 ~ 14根（图31–2）。

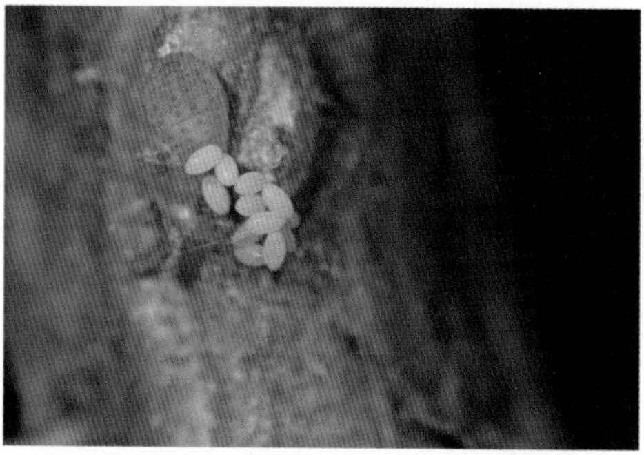

图31–2　根瘤型无性雌成蚜和卵

注：国家葡萄产业技术体系生物防治与综合防治岗位刘永强副研究员拍摄。

叶瘿型无翅孤雌蚜：体近圆形，与根瘤型无翅蚜相似，但个体较小，体背面各节无黑色瘤状突起，触角末端有5根刺毛。

有翅孤雌蚜：体长约0.90 mm，宽约0.45 mm，长椭圆形，前宽后窄，体橙黄色，中胸及后胸深赤褐色。触角黑色、3节，第3节有2个感觉圈，位于基部的扁圆形，位于端部的扁长圆形。前翅翅痣很大，只有3根斜脉，其中肘脉1与2共柄。后翅缺斜脉，静止时翅平叠于背面。

有性蚜：雌成蚜体长约0.38 mm、宽约0.16 mm，雄成蚜略小。无翅，喙退化，体褐黄色，触角3节，第3节约为前两节之和的2倍，端部有1圆形感觉圈，跗节1节。

发生规律 在我国，葡萄根瘤蚜主要是根瘤型，营不完整生活史。在上海地区，主要以若虫聚集在老根上越冬，极少数以卵或成虫越冬。4月上旬地温13 ℃左右、根系开始萌发时，越冬虫开始活动；6月下旬至7月上旬为发生盛期，迁移至土壤表层须根为害；8月下旬至9月、果实采收后，葡萄根系二次生长高峰，蚜虫随之大量繁殖；于10月上中旬出现第二个发生盛期；11月转入越冬休眠状态，种群动态变化除与物候有关外，降水量也会影响其变化，夏季高温多雨导致蚜虫大量死亡，而干旱情况下种群数量居高不下，导致根系衰败、死亡。在广西地区，葡萄根瘤蚜以低龄若虫或卵聚集在老根上越冬，4月中下旬蚜虫开始活跃，发生盛期一般在6月、9月及11月。

防治方法 农业防治：选择不宜根瘤蚜生长的沙地上建园，栽培抗性品种或使用抗性砧木。葡萄园内间作烟草、牛膝草等可以持续有效地降低葡萄根瘤蚜的种群数量。

物理防治：加强检疫，特别注意有无叶瘿，根系及所带泥土有无根瘤蚜卵、若虫和成虫，一旦发现立即就地销毁，或进行处理。对苗木和栽培器具严格消毒，葡萄繁殖材料经过45 ℃热水浸泡30 min后，葡萄栽培机械需要在45 ℃的温度下加热至少75 min或40 ℃加热2 h，2%NaOCl溶液浸泡60 s，均可有效杀灭根瘤蚜。园内悬挂黄色粘虫板，诱杀成蚜，每亩设置35～40块，15 d左右更换1次。

生物防治：利用昆虫病原线虫、节肢动物（如捕食螨、异色瓢虫等）或昆虫病原真菌（如白僵菌、绿僵菌等）进行防治，但田间防治效果未知。采用生物制剂如呋喃和蛋氨酸复合诱导剂可提高葡萄植株对葡萄根瘤蚜的抗性，对葡萄植株3次喷施复合诱导剂，每次喷施10 g/hm^2，可以诱导葡萄对根瘤型及叶瘿型根瘤蚜产生抗性，保护葡萄植株，有助于减少根瘤蚜对葡萄植株根叶的伤害。

化学防治：化学防治对叶瘿型蚜比较有效，因此，在葡萄根瘤蚜疫区的防治措施中，化学农药防治只作为压低种群数量的临时措施。分别在葡萄开花前及果实采收后葡萄根系的两个快速生长期前后，对地面施用1～2次杀虫剂，间隔期7～15 d，每年用药剂2～4次。可选用10%吡虫啉可湿性粉剂1 500倍液，或20%啶虫脒可溶性粉剂500倍液树上及地面喷施，或每亩地20%啶虫脒可湿性粉剂100 g配毒土30 kg施用。

32 斜纹夜蛾 *Spodoptera litura*（Fabricius）

别名夜盗虫、乌头虫，属鳞翅目夜蛾科夜蛾属。

分布与寄主 国内：广泛分布于全国各地，主要发生在长江流域的江西、江苏、湖南、湖北、浙江、安徽以及黄河流域的河南、河北、山东等省。国外：非洲、亚洲、欧洲、北美洲、大洋洲的多个国家和地区。

该虫为杂食性和暴食性害虫，寄主植物达290种以上。

为害症状 斜纹夜蛾1～3龄幼虫聚集啮食叶片背部，被害叶片呈窗纱状，4龄后将叶片咬食出缺刻，严重时可将整片叶子吃光仅留下叶脉（图32-1、图32-2）。该虫还为害葡萄果穗和果粒，果实发育期啃食穗梗后钻入套袋内取食果粒，导致果实落粒（图32-3），严重影响葡萄的产量及商品性。

形态特征 卵：半球形，由初产黄白色发育至暗灰色，卵粒表面有单序放射状纵棱。卵块3～4层，表面覆盖黄灰色绒毛（图32-4）。

图32-1　斜纹夜蛾低龄幼虫取食叶背

图32-2　窗纱状被害叶

图32-3　脱落被害果

图32-4　斜纹夜蛾卵块及初孵幼虫

幼虫：体色多变，由青黄色至暗褐色；背线、亚背线及气门下线均为灰黄色或橙黄色，沿亚背线内侧每节两侧各有1个三角形黑斑；气门黑色（图32-5、图32-6）。

图32-5　斜纹夜蛾低龄幼虫

图32-6　斜纹夜蛾高龄幼虫

蛹：体长15～20 mm，赤褐至暗褐色。腹部第4～7节背面及第5～7节腹面前缘密布圆形刻点，腹部末端有1对臀棘（图32-7）。

成虫：翅展33～35 mm，暗褐色。胸部背面有白色丛毛。前翅有复杂黑褐色斑纹，有数条白色横线，内外横线之间有明显较宽的灰白色斜带，翅基前半部有数条白线。后翅白色，有紫色反光（图32-8）。

图32-7　斜纹夜蛾蛹

图32-8　斜纹夜蛾成虫

发生规律　斜纹夜蛾为迁飞性害虫，长江流域以北不能越冬，浙江地区以蛹越冬，福建、广东地区全年发生。年发生代数由北向南逐渐增加，东北地区3～4代；黄河流域4～5代，盛发期8—9月；长江流域5～6代，盛发期7—9月；华南地区6～9代，盛发期4—11月。

防治方法　农业防治：冬季清除园内枯枝烂叶、深翻果园土壤，减少越冬基数。人工摘除卵块及低龄幼虫聚集较多的叶片，清晨、傍晚人工捕捉高龄幼虫，降低田间虫口密度。园内少量种植大豆、甘蓝等斜纹夜蛾喜好产卵的植物，引诱成虫产卵，并及时清理。

物理防治：于葡萄开花期开始安装杀虫灯诱杀成虫。在成虫发生初期，以糖：醋：白酒：水=3：4：1：2的比例配置糖醋液，并添加1%敌百虫，于田间诱杀成虫，每亩地设3个诱集点，每15～20 d更换1次糖醋液。

生物防治：于葡萄落花后，着重新生部分及叶片背面等部位，每7 ~ 10 d喷施1次2×10^8 PIB/g斜纹核型多角体病毒水分散粒剂5 000倍液，11×10^8亿OB/mL夜蛾颗粒体病毒悬浮剂10 000倍液。在成虫发生初期，使用斜纹夜蛾性诱诱捕器（带有性诱诱芯）诱捕雄成虫，诱捕器底部距离作物顶部20 cm，每亩设置1个诱捕器，每30 ~ 40 d更换诱芯。

化学防治：于葡萄落花后每逢斜纹夜蛾卵及低龄幼虫聚集发生期，针对新生部分及叶片背面等部位，每7 ~ 10 d喷施1次杀虫剂。可选用2.5%高效氯氟氢菊酯乳油1 000倍液，或2.5%溴氰菊酯乳油1 000倍液，或10%氯虫苯甲酰胺乳油1 500 ~ 2 000倍，或1%甲氨基阿维菌素苯甲酸盐1 000 ~ 1 500倍液，或25%多杀菌素水分散粒剂1 500 ~ 2 000倍液，或15%茚虫威悬浮剂2 000 ~ 4 000倍液，或10%虫螨腈悬浮剂1 000 ~ 2 000倍喷雾，或4%鱼藤酮乳油6 000倍液。

33 葡萄缺节瘿螨 *Colomerus vitis* Pagenstecher

别名葡萄瘿螨、葡萄毛毡病，属蜱螨目瘿螨科缺节瘿螨属。

分布与寄主 国内：辽宁、河北、山西、河南、山东、江苏、上海、江西、陕西、新疆等葡萄产区。国外：法国、西班牙、葡萄牙、德国、瑞士、意大利、保加利亚、美国、巴西及俄罗斯等国家。

该螨只为害葡萄，是单食性害虫。

为害症状 葡萄缺节瘿螨主要以成螨和若螨在叶背吸食汁液，被害初期叶面突起，叶背有白色斑点；随着为害加重，叶面过度生长呈瘤状突起，嫩叶为紫褐色突起，叶背绒毛增多城毛毡状，并变成黑褐色（图33-1）。该螨也为害嫩梢、幼果、卷须及花梗等幼嫩组织（图33-2）。该螨为害后通常会导致葡萄叶片干枯脱落，树势衰弱，降低葡萄产量。

图33-1　葡萄被害叶正面（左）及背面（右）

图33-2　葡萄幼果和嫩梢被害状

形态特征　雌成螨：体长160～200 μm，宽约50 μm，厚约40 μm，淡黄色或乳白色（图33-3）。喙长约21 μm，斜下伸。背盾板长约27 μm，宽约22 μm，无前叶突；背中线不完整，约占盾板长度的2/3，侧中线完整，断续状，亚中线数条；背瘤位于近盾后缘，瘤距约15 μm，背毛约18 μm，上前指。足2长约30 μm，足3长约26 μm，具模式刚毛，羽状爪单一，5支，爪不具端球。大体背，腹环数相仿，65～70环，均具椭圆形微瘤。侧毛约19 μm，生于7环；腹毛分别生于22环、40环及体末5环；无副毛。基节间有腹板线，基节刚毛3对，基节上有曲线纹。雌性外生殖器靠近基节，呈菱状，长约10 μm，宽约20 μm，生殖器盖片有纵肋16条，呈间断状，分成2列，生殖毛约14 μm。

雄成螨：体长140～160 μm，厚约35 μm。

卵：长约30 μm，椭圆形，淡黄色。

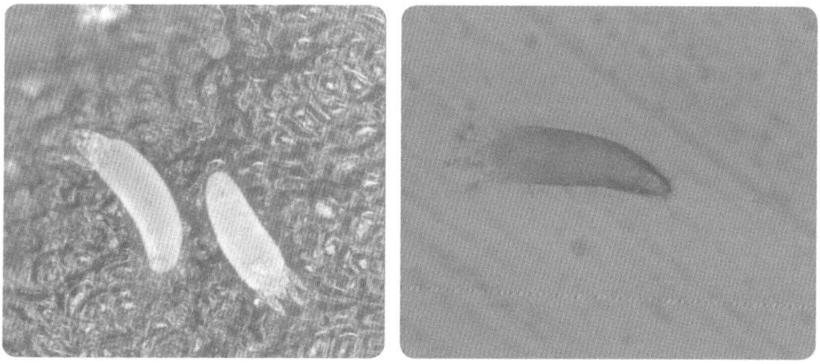

图33-3 葡萄缺节瘿螨成螨

发生规律 葡萄缺节瘿螨1年发生3代，以成螨在芽鳞片内或被害叶片中越冬。每年4月中旬葡萄发芽时，该螨由越冬处爬出并钻入叶片背面绒毛下吸食汁液。喜食嫩叶，随嫩叶生长蔓延。在北疆地区，该螨在6—7月为害最严重，到10月上旬，成螨潜入芽内越冬。新疆吐鲁番地区于4月中下旬可见该螨的为害症状，5—6月是为害始盛期，7—8月达为害盛期。在宁夏地区，5—8月是该螨为害最繁盛的时期，发生期至9月上旬。

防治方法 农业防治：冬季彻底清园，刮去主蔓上的粗皮，清除落叶和受害叶。合理灌溉、施肥，保持树势，提高抗虫能力。及时修剪，保持良好通风，减少蔓延。及时摘除受害叶片并销毁。

物理防治：苗木定植前，将插条或苗木先后用30 ~ 40 ℃热水和50 ℃热水浸泡5 ~ 7 min，以杀死成螨。

生物防治：保护草蛉、瓢虫、捕食螨等自然天敌，发挥其自然控制作用。

化学防治：分别于葡萄的冬季修剪后和春季冬芽膨大时，喷施3 ~ 5°Bé石硫合剂以降低越冬虫口基数或杀死越冬成虫。分别在葡萄发芽后至开花前、落花后、采收前整株喷施杀螨剂1 ~ 2次，可选用99%矿物油200倍液，或10%浏阳霉素乳油1 000倍液，或30%哒螨灵悬浮剂3 000倍液，或1.8%阿维菌素乳油3 000倍液，或5%噻螨酮2 000～3 000倍液，或2.5%氯氟氰菊酯3 000倍液，或0.3%印楝素乳油1 500倍液，或5%唑螨酯悬浮剂1 000～1 500倍液，或24%螺螨酯悬浮剂4 000～6 000倍液等。在瘿螨发生高峰期前交替用药，喷药时使植株叶面、叶背布药均匀。

34 苹毛丽金龟 *Proagopertha lucidula*（Faldermann）

属鞘翅目丽金龟科。

分布与寄主 国内：东北、华北及陕西、江苏、安徽、四川等地区。

主要寄主植物包括苹果、山楂、葡萄、杨柳树等树木。

为害症状 苹毛丽金龟成虫聚集取食葡萄花和嫩叶，严重时将花和嫩叶吃光。幼虫（蛴螬）为害葡萄根部。

形态特征 卵：椭圆形，乳白色，表面光滑。

幼虫：头部黄褐色，有两列刚毛，从第一腹节开始向腹面弯曲；胸足细长，无腹足。

蛹：裸蛹，由白色发育至深红褐色。

成虫：体长9～10 mm，宽5～6 mm，头、胸紫铜色，体背密布刻点。前胸背板和腹部两侧密被黄白色长毛，小盾片三角形，鞘翅茶褐色，半透明，细微刻点排列密集成行，透过鞘翅可见"V"形折叠的后翅。腹末漏出鞘翅（图34-1）。

发生规律 1年发生1代，以成虫在土壤中越冬。山东地区越冬成虫于4月上中旬开始出土，成虫聚集取食葡萄的嫩芽及花，5月中旬为产卵盛期、卵产在果树根部附近的疏松土壤内，5月下旬卵开始孵化，6月进入幼虫阶段，8月进入蛹期，9月上旬开始羽化并在土中蛹室内进入越冬。

图34-1　苹毛丽金龟成虫

防治方法　农业防治：加强田间管理，及时摘除被害桃梢。用厚度0.01～0.02 mm的聚氯乙烯薄膜覆盖树盘，可阻断越冬成虫出土。适时早播蓖麻，当成虫初发期到盛期蓖麻能长出2～3片叶子为最适宜，蓖麻真叶毒杀成虫。夜间成虫聚集取食时组织人工捕捉。

物理防治：葡萄展叶期开始以绵白糖：乙酸：无水乙醇：水以3：1：3：80的比例配制成糖醋酒液诱捕成虫，每15 d补充1次糖醋酒液。

化学防治：在葡萄展叶期成虫出土时将榆、槐树枝浸入装有50%辛硫磷乳油1 000倍液容器中，放于地头诱杀成虫，分别在开花前2～3 d及落花后树上喷施杀虫剂1～2次。防治成虫可选用10%高效氯氰菊酯2 000～3 000倍液，或10%吡虫啉可湿性粉剂2 000～3 000倍液，或苏云金杆菌1 000倍液，或0.5%藜芦碱1 000倍液，或1%苦皮藤素1 000倍液，或球孢白僵菌1 500倍液。对于开花期发生严重的果园可在开花期增加1次用药。在果实膨大期对树冠投影范围内地面喷施1%苦皮藤素1 000倍液，或苏云金杆菌1 000倍液，使药与土混匀，以防治幼虫。

35 铜绿丽金龟 *Anomala corpulenta* Motschulsky

属鞘翅目丽金龟科异丽金龟属。

分布与寄主 铜绿丽金龟在我国分布广泛，除新疆和西藏外，各省均有发生。该虫在国外主要在韩国有分布。

主要寄主植物包括苹果、梨、山楂、桃、李、杏、樱桃、葡萄、核桃、草莓、醋栗和豆类等。

为害症状 铜绿丽金龟以幼虫（蛴螬）为害葡萄根系，导致叶片枯黄，树势衰弱甚至枯死。成虫聚集取食葡萄花、叶、嫩枝及果实，被害叶形成大量孔洞（图35-1），发生严重时将叶片全部吃光、啃食嫩枝，导致枝叶枯死；果实被害后导致果粒腐烂脱落。

图35-1 葡萄叶片被害状

注：国家葡萄产业技术体系杭州综合试验站吴江研究员拍摄。

形态特征 卵：椭圆形，长约1.8 mm，宽约1.4 mm；卵壳光滑，乳白色。

幼虫：孵化前近圆形3龄幼虫体长为30 ~ 33 mm，头宽为4.9 ~ 5.3 mm。头部黄褐色，前顶刚毛每侧6 ~ 8根，排一纵列。腹毛区正中有2列黄褐色的长刺毛，每列15 ~ 18根，2列刺毛尖端大部分相遇或交叉，在刺毛列外边有深黄色钩状刚毛，肛门孔横裂。

蛹：体长为18 ~ 22 mm，体宽为9.6 ~ 10.3 mm，长椭圆形，土黄色。体稍弯曲，雄蛹臀节腹面有1个4裂的疣状突起。

成虫：体长为19 ~ 21 mm，体宽为10 ~ 11.3 mm。触角黄褐

色，体背铜绿色具金属闪光泽，但前胸背板颜色稍深，呈红铜绿色；胸部和腹部的腹面为褐色或黄褐色。鞘翅每侧具4条不明显纵肋。前足胫节具2外齿，前足和中足大爪分叉。雄虫臀板基部中间有1个三角形黑斑（图35-2）。

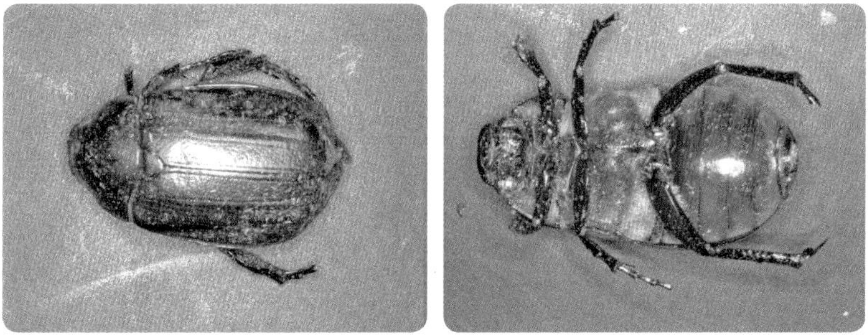

图35-2　铜绿丽金龟成虫的背面（左）和腹面（右）

发生规律　铜绿丽金龟1年发生1代，以2～3龄幼虫在土中越冬。在江苏安徽等地区，越冬幼虫3—4月开始活动，成虫6月中旬盛发。在辽宁，越冬幼虫5月上旬开始活动，成虫盛发于7月，幼虫为害盛期在8—9月，10月开始越冬。

防治方法　农业防治：加强田间管理，清洁田园，深翻土地，减少越冬幼虫。利用成虫假死性，早晚人工振落并捕杀成虫，或及时摘除被害枝梢。

物理防治：从葡萄开花期开始，以绵白糖：乙酸：无水乙醇：水以3：1：3：80的比例配制成糖醋酒液，倒入粉红或橙色诱捕器，离地面1.5 m位置悬挂以诱捕成虫，诱液内可放入腐烂的葡萄增加诱集效果，每15 d补充1次糖醋酒液。在果园周边安装诱虫灯诱捕成虫。

生物防治：分别于葡萄萌芽期平均地温高于15 ℃时及果实膨大期释放病原线虫1～2次，发生较轻时释放0.5亿～1亿头/亩，发生严重地区1亿～2亿头/亩。

化学防治：在果实膨大期成虫出土时，将榆、槐树枝浸入装有50%辛硫磷乳油1 000倍液容器中，放于地头诱杀成虫。分别在开花前2～3 d及落花后树上喷施杀虫剂1～2次防治成虫，可选用10%高效氯氰菊酯2 000～3 000倍液，或10%吡虫啉可湿性粉剂2 000～3 000倍液，或苏云金杆菌1 000倍液，或0.5%藜芦碱1 000倍液，或1%苦皮藤素1 000倍液，或球孢白僵菌1 500倍液。对于开花期该虫突然爆发的果园，可在开花期增加1次用药。在果实膨大期对树冠投影范围内地面喷施1%苦皮藤素1 000倍液，或苏云金杆菌1 000倍液，使药与土混匀，以防治幼虫。

36 中华弧丽金龟 *Popillia quadriguttata*（Fabricius）

别名四纹丽金龟甲、四纹丽金龟、豆金龟子、四斑丽金龟。属鞘翅目丽金龟科弧丽金龟属。

分布与寄主 国内：广泛分布于除新疆和西藏外的各地。国外：朝鲜和越南。

为害症状 中华弧丽金龟的幼虫（蛴螬）以植物根系和腐殖质为食，成虫啃食葡萄叶（图36-1），叶肉吃光，仅剩叶脉。

图36-1 葡萄叶片被害状

形态特征 成虫：体长7.5～12 mm，体宽4.5～6.5 mm，体色多

变，常见色型包括：体墨绿色，带金属光泽，鞘翅黄褐带漆光；鞘翅、鞘缝和侧缘暗褐色；足黑褐或深红褐，中后跗色深；全体黑、黑褐、蓝黑、墨绿或紫红色，有时前胸背板带不同色泽；有时全体红褐色；有时体红褐，头（唇基除外）、前胸背板和小盾片黑褐。唇基前缘强上卷，密布粗密刻点或皱刻；小盾片三角形，侧缘近直，布粗刻点。鞘翅背面有6条粗刻点深沟行（图36-2）。

图36-2　中华弧丽金龟成虫背面（左）及侧面（右）

发生规律　中华弧丽金龟以3龄幼虫越冬，1年发生1代。越冬幼虫4月开始活动，5月下旬为为害盛期；成虫于6月下旬开始羽化，成虫盛发期为6月中旬至7月中旬。

防治方法　农业防治：加强田间管理，清洁田园，深翻土地，减少越冬幼虫。可用含有氨气的肥料驱避成虫；未腐熟粪肥用棚膜密封，阻止成虫产卵并增温杀死粪肥中卵及幼虫。果实膨大至成熟期可及时摘除被害枝梢，或利用成虫假死性，早、晚振落并收集成虫。

物理防治：于葡萄幼果期使用绵白糖∶乙酸∶无水乙醇∶水以3∶1∶3∶2的比例配制成糖醋酒液诱捕成虫，诱液内可放入腐烂的葡萄增加诱集效果，每15 d补充1次糖醋酒液。果园周边安装诱

虫灯诱捕成虫，或在园区固定位置堆积有机肥料引诱成虫，定期捕杀。

化学防治：在葡萄果实膨大期成虫为害严重时，对葡萄叶片喷施杀虫剂1～2次，以防治成虫，可选用10%高效氯氰菊酯2 000～3 000倍液，或10%吡虫啉可湿性粉剂2 000～3 000倍液，或0.3%苦参碱水剂200～400倍液，或苏云金杆菌1 000倍液，或0.5%藜芦碱1 000倍液，或1%苦皮藤素1 000倍液，或球孢白僵菌1 500倍液等。在葡萄果期可用1%苦皮藤素1 000倍液，或苏云金杆菌1 000倍液处理粪肥，毒杀卵、幼虫及成虫。

37 康氏粉蚧 *Pseudococcus comstocki* Kuwana

别名梨粉蚧，属半翅目粉蚧科粉蚧属。

分布与寄主 国内：河北、山东、浙江、福建、台湾、湖北、湖南、江西、广东、广西、四川、云南等地。国外：日本、印度、斯里兰卡、大洋洲、美洲、俄罗斯、欧洲等国家和地区。

寄主范围包括柑橘、梨、葡萄等多种果树，以及铁线莲、艾、律草、蓖麻等植物。

为害症状 康氏粉蚧以成虫和若虫吸食新梢、茎叶、果实、枝干和根部汁液，喜阴暗环境，套袋后果实内部、郁闭的树冠中下部及内膛发生更为严重，常聚集在果实的萼洼和梗洼刺吸果实汁液，幼果受害后多成畸形果；受害较晚的果实虽发育正常，但后期被害部位发黑、腐烂、变质流液；该虫分泌的白色蜡粉、黏液等可污染果实，使果实失去商品价值和食用价值。被害嫩枝肿胀，树势削弱，树皮纵裂而枯死。此外，受害后的果面、叶面会并发煤污病（图37-1）。

图37-1 康氏粉蚧为害症状

形态特征 卵：长椭圆形，长0.3 ~ 0.4 mm，初产时浅黄色，发育加深至橙黄色。常数十粒卵结成卵块，表面有白色薄腊粉层，形成白絮状卵囊。

若虫：体色为橙黄或浅黄色。1龄若虫体表光滑，末期开始分泌白色蜡质介壳覆盖虫体。2龄若虫眼紫褐色，触角6节且粗大，体表蜡质介壳均匀，两侧布满纤毛，体缘具有17对白色蜡丝。2龄若虫的发育后期，雌虫与雄虫开始分化，雄虫体形扁平，雌虫体形饱满。3龄雌若虫体表蜡质介壳加厚，其余特征与2龄若虫相同。而雄若虫2龄末期便停止取食，固定在隐蔽的缝隙中，分泌白色絮状蜡丝将虫体包围起来，进入蛹期。

蛹：淡紫色裸蛹，长1.1～1.2 mm，触角、翅和足等均外露。

雌成虫：体长约5 mm，虫体呈椭圆形，体外覆盖白色蜡质分泌物，体缘具17对白色蜡刺，最末1对较长，几乎与体长相等。触角8节（也有7节），第2～3节和顶端节较长。足细长，后足基节具大量透明孔，股节和胫节上有少量透明孔。有1个较大椭圆形腹裂，臀瓣发达而突出于虫体末端之外，其顶端生有1根臀瓣刺，在臀瓣刺之上方生有几根刺毛。体毛数量很多，分布在虫体背和腹两面，沿背中线着生的体毛较长（图37-2）。

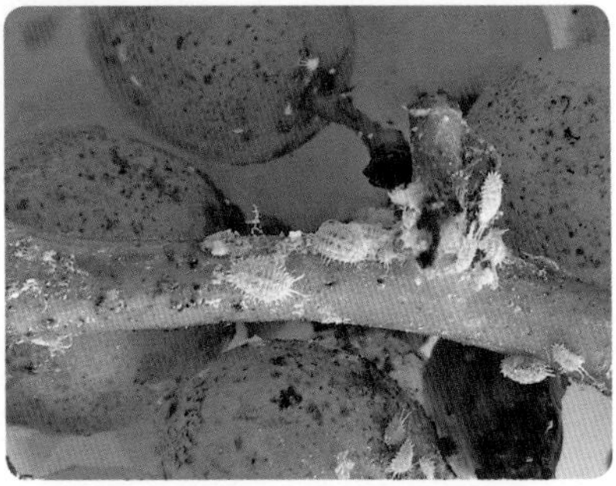

图37-2　成虫

雄成虫：长约1 mm，灰黄色，前翅发达透明、有紫色光泽，翅展约2 mm，后翅退化为平衡棒。

发生规律　康氏粉蚧在国内各葡萄产区均有发生，以卵和若虫在树干、枝条粗皮缝隙、杂草、落叶或石缝、土块等隐蔽场所中越冬。该虫繁殖快，每头雌虫产卵量可达600粒，初孵幼虫有聚集习性，5～7 d后逐渐扩散为害。在陕西关中地区，1年发生3代，各世代重叠发生；第1代卵（越冬卵）孵化期为4月下旬至5月上旬，若虫发生盛期为5月中下旬，主要为害嫩芽、叶片和幼嫩枝条；第2代卵孵化期为6月下旬至7月上旬，若虫发生盛期为7月中下旬；第3代卵孵化期为8月上中旬，若虫发生盛期为8月中下旬，主要为害果实。在黑龙江地区，该虫1年发生2代，5月中旬越冬卵开始孵化，5月中下旬为孵化盛期，第2代卵于8月上旬开始孵化；9月中下旬开始出现越冬代卵。

防治方法　农业防治：葡萄生长期合理修剪，改善通风透光条件。越冬产卵前在树干绑诱集带，吸引雌成虫产卵，然后集中销毁；冬季清除园内枯枝烂叶、剥除老皮、深翻果园土壤，减少越冬基数。树干刷白可有效地防止土壤中的越冬虫上树。

物理防治：用硬刷人工刷除越冬卵，或果实成熟至落叶期在树干上绑草把，诱集雌成虫在草把中产卵，在春季萌芽前将诱卵的草把取下烧毁。

生物防治：保护天敌昆虫如瓢虫和草蛉等。其中孟氏隐唇瓢虫是粉蚧生物防治重要的天敌，应更加注意利用和保护。

化学防治：葡萄落叶后及春芽萌动时，在整园喷施3～5°Bé石硫合剂以杀死越冬虫。果实套袋前进行预防性喷药，套袋时袋口扎紧以防止蚧虫进入果袋。发生严重时应及时进行化学防治。花序分离到开花前、葡萄套袋前是药剂防治的两个关键时期。需对整树均匀喷施杀虫剂2～3次，每7～10 d喷施1次，可选用10%吡虫啉可湿性粉剂1 000倍液，或2.5%高效氯氟氢菊酯乳油3 000～4 000倍液，或20%啶虫脒可湿性粉剂6 000～8 000倍液，或24%螺虫乙酯悬浮剂4 000倍液，或1.8%阿维菌素可湿性粉剂3 000～6 000倍液，或25%噻嗪酮可湿粉剂1 000倍液，或8 000 IU/ml苏云金杆菌800倍液，或0.5%印楝素400倍液，或0.5%苦参碱700倍液等。

38 东方盔蚧 *Parthenolecanium corni* Bouche

别名扁平球坚蚧、褐盔蜡蚧、水木坚蚧，属同翅目蚧科。

分布与寄主 国内：黑龙江、吉林、北京、河北、山西、河南、山东、江苏、浙江、湖北、湖南、四川、青海、宁夏、陕西、新疆等地。国外：日本、朝鲜、伊朗、阿富汗、新西兰、澳大利亚、印度、欧洲及北美各国。

寄主范围广，主要有葡萄、苹果、梨、山楂、桃等多种果树。

为害症状　以若虫和成虫为害葡萄枝蔓、叶柄、穗轴和果粒等，虫体附着在枝蔓、叶柄、穗轴和果粒表面刺吸葡萄汁液，并分泌出大量无色黏液，在天气潮湿、炎热时，滋生一层黑色的霉菌，影响叶片的光合作用，污染果实表面，降低葡萄品质，严重的导致枝条枯死，树势衰弱。

形态特征　卵：长椭圆形，长0.5～0.6 mm，初产乳白色，在雌虫体下成堆，将孵化时黄褐至粉红色，表面微覆一层白色蜡粉。

若虫：1龄若虫体扁椭圆形，淡黄白色，体背中央1条灰白色纵线，触角、足具有活动能力。越冬若虫褐色，体外有一层极薄腊质，触角、足无活动能力。越冬后若虫，沿纵轴隆起，呈现黄褐色，体背周缘开始呈现皱褶，体背周缘内方重新生出放射状排列的长蜡腺，分泌出大量白色蜡粉。

蛹：蛹暗红色，体长1.2～1.7 mm，体宽0.8～1 mm，腹末具交尾器。

成虫：雌成虫体椭圆形，黄褐色或红褐色。体长3～6.5 mm，体宽2～4.0 mm。虫体背面略微向上隆起，体背中央有4纵排断续的凹陷，中央2排较大，外侧2排较小，在4纵排断续的凹陷间形成5条纵隆脊。体背边缘有排列较规则的横列皱褶，腹部末端具臀裂缝。沿虫体边缘的横皱褶处，有圆形蜡腺孔列，排列不甚整齐。触角1对，多7节。足细长，爪具齿。雄成虫头部红黑色，体红褐色，体长1.2～1.5 mm，宽约0.5 mm，具1对黄色发达前翅。成虫介壳红褐色，多数饱满，有光泽（图38-1）。

图38-1 成虫介壳

发生规律 在葡萄上通常1年发生2代，以2龄若虫在枝条上越冬。越冬若虫3月下旬开始活动，4月上旬虫体开始膨大并蜕皮变为成虫，4月下旬雌虫体背膨大并开始硬化，5月上旬雌虫开始在蚧壳内产卵，5月中旬为产卵盛期，卵期20～30 d。5月下旬卵开始孵化，6月上旬进入孵化盛期。从母体下爬出的若虫先在葡萄叶背叶脉两侧为害，后到幼嫩新梢上为害，最后固定在枝干、叶柄、穗轴或果粒上为害。7月中下旬若虫陆续羽化为成虫并产卵，8月上中旬第2代若虫孵化，9月下旬随着天气渐凉，转移到枝蔓越冬。

防治方法 农业防治：冬季清除园内枯枝烂叶，剥除老皮，深翻果园土壤，减少越冬基数。生长季剪除虫体较多的嫩枝，果园周围不栽种刺槐、糖槭等树。

物理防治：用硬刷人工刷除越冬若虫，或果实成熟至落叶期在树干上绑草把诱集若虫越冬，在春季萌芽前将草把取下烧毁。

生物防治：保护天敌昆虫如瓢虫和草蛉等，黑缘红瓢虫、红点唇瓢虫、塞黄盾食蚧蚜小蜂是东方盔蚧的重要天敌。

化学防治：葡萄落叶后及春芽萌动前整园喷施3～5°Bé石硫合剂以杀死越冬虫。果实套袋前进行预防性喷药，套袋时袋口扎紧以防止蚧虫进入果袋。发生严重时应及时进行化学防治，在新稍生长期到开花前（越冬若虫转移期）、落花后至坐果期（卵孵化期）两个药剂防治的关键时期，对整树均匀喷施杀虫剂2～3次。可选用10%吡虫啉可湿性粉剂1 000倍液，或2.5%高效氯氟氢菊酯乳油2 000倍液，或20%啶虫脒可湿性粉剂6 000～8 000倍液，或24%螺虫乙酯悬浮剂4 000倍液，或1.8%阿维菌素可湿性粉剂3 000～6 000倍液，或25%噻嗪酮可湿粉剂1 000倍液，或25%噻虫嗪水分散粒剂5 000倍液，或8 000 IU/ml苏云金杆菌800倍液，或0.5%印楝素400倍液，或0.5%苦参碱700倍液等。为提高药效，药液里可混入0.1%～0.2%的洗衣粉。

39 盾蚧类

葡萄上常见的盾蚧类害虫包括桑盾蚧*Pseudaulacaspis pentagona* Targioni和东方肾圆盾蚧*Aonidiella orientalis*。桑盾蚧别名桑白蚧、桃白蚧、桃介壳虫等，属半翅目盾蚧科桑白盾蚧属。东方肾圆盾蚧别名东方片圆蚧、东方圆蚧、东方红蚧等，隶属半翅目盾蚧科肾圆盾介壳虫属。

分布与寄主　桑盾蚧分布广泛，在我国华北、华中、华东、华南等地均有分布。

寄主包括桃、梨、苹果、柿、桑、茶、槐、枫、苦楝、柑橘、杏、樱桃、葡萄、巴旦木、花椒等多种树木。

东方肾圆盾蚧分布广泛，包括西印度群岛、中东、印度、东非和南非、南亚和澳大利亚北部等地区。在中国主要分布在广州和云南。

东方肾圆盾蚧是多食性害虫，寄主十分广泛，包括葡萄、槟榔、香蕉、柑橘、椰子、番石榴、芒果、木瓜、桃子、石榴等多种水果，印度苦楝树、桑树、榕树、茶树、洋紫荆和罗望子等多种植物。

为害症状 盾蚧以雌成虫和若虫群集固着在枝梢、树干、叶片、果实上吸食汁液为害。该虫为害枝干时，全树枝干遍布白色介壳并重叠成层，造成枝条表面布满凹凸不平的白色蜡质物，导致提早落叶、枝条萎缩干枯（图39-1），树势衰弱，甚至全株枯死。为害叶片时，导致被害处叶片变色、黄化和组织畸形。该虫为害果实时，果面上散布小红点（图39-2），降低葡萄品质。

图39-1 叶梢被害状

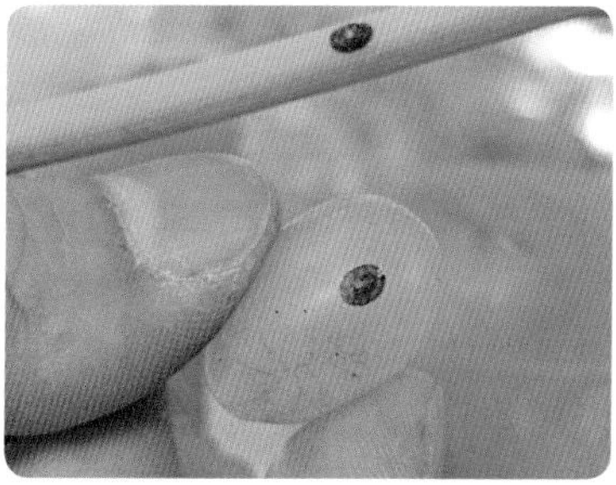

图39-2 果实被害状

形态特征

桑盾蚧

卵：椭圆形，长0.25～0.3 mm，由粉红色逐渐发育至橙黄、橘红色。

若虫：雌若虫有3个龄期，雄虫有2个龄期。初孵若虫淡黄褐色，眼、触角、足俱全，腹末有2根尾毛，能爬行。2龄时眼、触角、足、尾毛均退化，两眼间有2个腺孔分泌绵毛状腊丝覆盖身体，开始固定寄生（图39-3）。

介壳：雌虫一生都在介壳内，介壳近圆形，直径2～2.5 mm，灰白色至黄褐色；背面隆起，有明显的螺旋纹；壳点黄褐色，位于介壳正面中央稍偏旁。雄虫只幼虫期有介壳，介壳长条形，长约1 mm，白色，背面有3条纵脊；壳点橙黄色，位于介壳的顶端（图39-4）。

蛹：雄虫2龄末开始化蛹，蛹长0.6～0.8 mm，橙黄色、长椭圆形。

成虫：雌成虫体长约1 mm，体宽卵圆形，扁平，臀板较尖，橙黄色或橘红色，腹部分节明显，分节线较深。雄成虫纺锤形，体长0.65～0.70 mm，翅展1.3 mm左右，橙色至橘红色；触角念珠状，约与体等长。仅有1对前翅。腹部长，末端尖削，端部具针状交配器（图39-5）。

东方肾圆盾蚧

成虫：雌成虫体长约4 mm，介壳偏圆形，白色偏黄，蜕皮壳在介壳中间位置呈深黄色。东方肾圆盾蚧雌虫区别于其他盾蚧的特征是存在带有围生殖气味腺体的臀板。雄虫体型偏小，椭圆形。

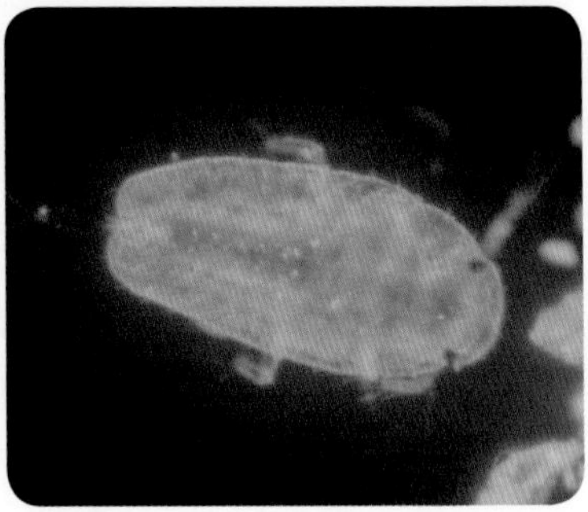

图39-3　若虫

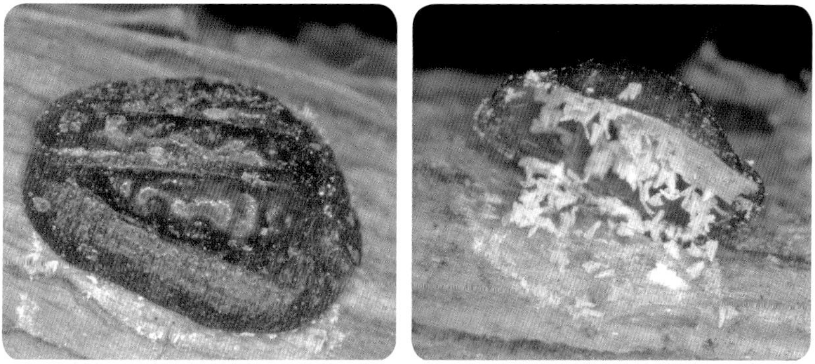

图39-4 介壳

发生规律

图39-5 成虫

桑盾蚧：在北京、河北、甘肃、新疆等地1年发生2代，河南及长江中下游地区1年发生3代，福建等地1年发生4代，均以受精雌成虫在枝条上越冬。在河北地区，雌成虫在每年3月中旬左右春芽萌动时开始活动刺吸汁液，于5月上旬开始产卵，5月中下旬为产卵盛期，5月下旬至6月上旬为卵孵化盛期，6月下旬为雄成虫羽化盛期。雌成虫于7月中旬产第2代卵，8月中旬为卵孵化盛期，8月底雄成虫开始羽化，9月上旬为羽化盛期，交配后的雌成虫会继续为害至秋末越冬。

东方肾圆盾蚧：1年发生4～6代，以胎生为主，也有卵生繁殖。第1代于4月中旬发生，第2代于5月下旬至6月上旬出现，第3代在7月上旬，第4～6代世代重叠。单头雌虫产卵量为40～100粒，雄虫没有口器，不进食，寿命很短，平均在19～21 d左右。

防治方法 农业防治：加强水肥管理，增强树势；结合冬季修剪，剪除并集中销毁被寄生枝条。

物理防治：用硬刷人工刷除2～3年生枝条上的介壳虫，或冬季往树上喷水，待枝干上结冰后敲落冰与虫体。葡萄落花后，在园内悬挂黄板以诱杀介壳虫，每亩地挂20～30块黄板，在黄板粘满害虫或根据粘虫胶的黏性更换。

生物防治：软蚧蚜小蜂、点红唇瓢虫、日本方头甲和草蛉等是桑盾蚧重要的天敌，可加以保护和利用。

化学防治：葡萄落叶后及春芽萌动时，在整园喷施3～5°Bé石硫合剂，或分别在葡萄落叶后及早春，以生石灰、石硫合剂、食盐、水混合（按照5∶1∶1∶20的比例）并添加适量胶水配成涂白剂，对果树涂白以杀死越冬虫。分别于落花后及封穗期（若虫孵化盛期）、小幼果期及转色成熟期（雄成虫羽化盛期），对整树均匀喷施杀虫剂2～3次，每7～10 d喷施1次，可选用10%吡虫啉可湿性粉剂2 000倍液，或2.5%高效氯氟氰菊酯乳油1 500倍液，或24%螺虫乙酯悬浮剂2 500倍液，或25%噻嗪酮可湿粉剂1 000倍液等。

参考文献

REFERENCES

安聪敏，戴秀云，陈汝新，1990. 日本双棘长蠹的生物学及其防治研究初报[J]. 植物保护（4）：27-28.

白明第，陆晓英，张武，等，2020. 元谋干热区葡萄蓟马的田间消长与综合防治[J]. 热带农业科学，40（12）：50-54.

陈萍，胡作栋，2014. 葡萄叶蝉发生规律与综合防治技术[J]. 西北园艺（果树）（4）：31-32.

陈一心，2009. 中国动物志　昆虫纲　第十六卷　鳞翅目夜蛾科[M]. 北京：科学出版社.

陈志粦，2011. 长蠹科害虫检疫鉴定[M]. 北京：中国农业出版社.

程俊峰，万方浩，郭建英，2006. 入侵昆虫西花蓟马的潜在适生区分析[J]. 昆虫学报（3）：438-446.

邓晓莉，王晋旭，1995. 葡萄瘿蚊的防治试验[J]. 山西果树（1）：22-23.

邓亚丽，冯巧菊，徐金刚，等，2013. 葡萄天蛾和葡萄蔓割病的发生与防治[J]. 现代农村科技（24）：26-27.

董丽娜，2020. 两种蓟马的田间监测及TSWV对西花蓟马生殖力的影响[D]. 保定：河北农业大学.

杜相革，张友廷，2003. 樱桃园苹毛丽金龟发生规律及防治[J]. 中国果树（3）：29-31.

段盼，杜飞，胡昌雄，等，2021. 避雨栽培葡萄上蓟马发生动态及常用杀虫剂对优势种的毒力测定[J]. 植物保护，47（1）：265-272.

范世杰，苏世荣，2011. 庭院葡萄黄蜂防治技术[J]. 西北园艺（果树）（3）：32-33.
封光伟，2006. 果树病虫害防治[M]. 郑州：河南科学技术出版社.
冯纪年，2021. 中国动物志　昆虫纲　第六十九卷　缨翅目[M]. 北京：科学出版社.
冯玉增，2010. 枣病虫害诊治原色图谱[M]. 北京：科学技术文献出版社.
高欢欢，朱国平，吕召云，等，2018. 不同葡萄品种间果蝇的动态发生规律[J]. 中外葡萄与葡萄酒（1）：20-25.
高振江，张冬梅，高娃，等，2017. 害虫西花蓟马在内蒙古中西部地区的发生与分布[J]. 北方农业学报，45（2）：82-85.
葛钟麟，1966. 中国经济昆虫志　第十册　同翅目叶蝉科[M]. 北京：科学出版社.
顾昌华，谢光新，龙正权，2008. 铜仁地区樟树黑刺粉虱暴发为害特点与综合防治研究[J]. 中国植保导刊，28（12）：30-31.
顾军，2010. 5种药剂对葡萄园日本双棘长蠹田间控制效果比较试验[J]. 中国果树（2）：32-34.
桂炳中，2014. 园林害虫无公害防治手册[M]. 北京：中国农业科学技术出版社.
郭洁，张艺馨，周锐，等，2017. 几种杀虫剂对斑翅果蝇室内毒力测定[J]. 植物检疫，31（1）：51-53.
韩旭，林君，贺利业，等，2018. 泸州龙眼二突异翅长蠹综合防控技术[J]. 中国热带农业（6）：33-36.
何建群，王程，2010. 葡萄新害虫——葡萄瘿蚊的发生及防治对策[J]. 植物医生，23（2）：17-18.
洪晓月，施祖华，张青文，等，2017. 农业昆虫学 [M]. 3版. 北京：中国农业出版社.
扈丹，闫小英，黄敏，2015. 关中地区葡萄二黄斑叶蝉生物学特性及种群消长规律[J]. 西北农林科技大学学报（自然科学版），43（6）：59-66.

嵇保中，刘曙雯，张凯，2011. 昆虫学基础与常见种类识别[M]. 北京：科学出版社.

吉志新，王长青，杨连方，1994. 葡萄天蛾发生规律及无公害防治[J]. 河北果树（1）：13-15.

贾海英，2018. 北方地区红缘亚天牛在红榉树上的危害及防治措施[J]. 河北农业（11）：44-45.

贾云霞，李立强，任保刚，等，2021. 洁长棒长蠹在板栗上的发现及危害[J]. 北方果树（5）：41-42.

姜建军，黄立飞，陈红松，等，2016. 葡萄上蓟马种类与发生规律[J]. 植物保护，42（2）：214-217.

姜建军，杨朗，黄立飞，2012. 广西葡萄主要虫害发生规律及防治方法[J]. 农业灾害研究，2（6）：7-10.

匡海源，1995. 中国经济昆虫志　第四十四册　蜱螨亚纲瘿螨总科[M]. 北京：科学出版社.

兰承兴，2016. 烟蓟马的发生与防治[J]. 农技服务，33（7）：66.

李敏，陆学忠，陈昌东，等，2017. 斑翅果蝇在樱桃园发生特点及绿色防控要点[J]. 湖北植保（2）：49-50，35.

李仁烈，邹翔，1994. 葡萄卷叶象的发生及防治[J]. 中国果树（3）：35.

李艳艳，胡美绒，卢春田，等，2011. 十星瓢萤叶甲在葡萄上的发生与防治[J]. 西北园艺（果树）（1）：29-30.

梁孟冬，2020. 罗城县毛葡萄虎天牛发生规律调查及防控建议[J]. 南方农业，14（16）：28-30.

林平，1988. 中国弧丽金龟属志　鞘翅目丽金龟科[M]. 西安：天则出版社.

刘焕兰，张团委，2021. 蛀干害虫葡萄透翅蛾的发生与防治[J]. 西北园艺（果树）（4）：30-31.

刘建民，李金堂，2010. 西花蓟马的识别及防治[J]. 长江蔬菜（9）：42-43，3.

刘迎雪，秦红艳，王春伟，等，2015. 葡萄肖叶甲对山葡萄的危害及防治[J]. 北方园艺（17）：102-103.

柳瑞，王琦，王心丽，2012. 我国葡萄钻蛀害虫——3种长蠹的识别鉴定[J]. 植物检疫，26（4）：45-47.

吕佩珂，高振江，尚春明，等，2018. 葡萄病虫害诊断与防治原色图鉴[M]. 北京：化学工业出版社.

马宝松，赵红菊，景瑞华，等，2013. 葡萄二星叶蝉、葡萄虎蛾和葡萄十星叶甲的发生与防治[J]. 现代农村科技（20）：25.

马罡，李佳乐，马春森，2019. 蛀干害虫二突异翅长蠹研究进展[J]. 中国植保导刊，39（10）：20-26.

马罡，李佳乐，张薇，等，2019. 葡萄短须螨的发生与防治[J]. 落叶果树，51（6）：44-45.

马文珍，1995. 中国经济昆虫志　第四十六册　鞘翅目花金龟科、斑金龟科、弯腿金龟科[M]. 北京：科学出版社.

庞震，周汉辉，龙淑文，等，1981. 葡萄食心虫——葡萄瘿蚊[J]. 山西果树（4）：41-43.

彭浩民，宋雅琴，郑远桥，等，2020. 兴安县葡萄根瘤蚜的发生状况与防控对策[J]. 中国南方果树，49（4）：164-166.

邱强，2021. 葡萄病虫害诊断与防控原色图谱[M]. 郑州：河南科学技术出版社.

邱益三，洪平，范亦刚，等，1991. 斑衣蜡蝉产卵习性调查及防治方法研究[J]. 植物保护（2）：14-16.

全林发，董易之，陈炳旭，2018. 二突异翅长蠹的识别、发生规律与防治[J]. 中国南方果树，47（2）：71-74.

全明旭，2016. 桑盾蚧在柑橘上的发生规律及绿色防控技术[J]. 南方农业，10（13）：23-26.

任路明，王磊，于毅，等，2014. 我国部分水果产区铃木氏果蝇与其他果蝇形态特征比较研究[J]. 生物安全学报，23（3）：178-184.

孙益知，祁健，李虎，1992. 葡萄沟顶叶甲的初步研究[J]. 植物保护

（4）：16-17.
谭娟杰，虞佩玉，1980. 中国经济昆虫志　第十八册　鞘翅目叶甲总科[M]. 北京：科学出版社.
汪荣灶，石和芹，2006. 斑喙丽金龟的生活习性与防治[J]. 福建茶叶（1）：13.
王国珍，姜彩鸽，沙月霞，等，2011. 不同药剂防治葡萄缺节瘿螨田间药效试验[J]. 中外葡萄与葡萄酒（7）：49-50.
王记侠，王洪亮，张新杰，等，2008. 葡萄东方盔蚧的生物学特性及防治[J]. 北方园艺（6）：204-205.
王进强，许丽月，李国华，等，2013. 西双版纳地区寄生橡胶树的蚧虫种类[J]. 植物保护，39（4）：129-133.
王丽红，张泽勇，李长领，等，2020. 斑衣蜡蝉发生规律及防治技术[J]. 现代农村科技（6）：31-32.
王平远，1980. 中国经济昆虫志　第二十一册　鳞翅目螟蛾科[M]. 北京：科学出版社.
王琦，杜相革，2000. 北方果树病虫害防治手册[M]. 北京：中国农业出版社.
王书永，杨星科，虞佩玉，1996. 中国经济昆虫志　第五十四册　鞘翅目叶甲总科（二）[M]. 北京：科学出版社.
王书永，周红章，谭娟杰，2005. 中国动物志　第四十卷　昆虫纲　鞘翅目肖叶甲科[M]. 北京：科学出版社.
王天元，2019. 葡萄病虫害快速鉴别与防治妙招[M]. 北京：化学工业出版社.
王学山，宁波，潘淑琴，等，1996. 苹毛丽金龟生物学特性及防治[J]. 昆虫知识（2）：111-112.
王玉玲，2013. 桔小实蝇的发生与诱杀防治研究进展[J]. 环境昆虫学报，35（2）：253-259.
王忠跃，刘崇怀，李兴红，等，2011. 中国葡萄病虫害与综合防控技术[M]. 北京：中国农业出版社.

王子清，2001. 中国动物志　昆虫纲　第二十二卷　同翅目蚧总科[M]. 北京：科学出版社.
韦国余，张建国，陈丽荣，等，2010. 上海地区葡萄根瘤蚜发生规律研究[J]. 植物检疫，24（5）：66-68.
魏靖，张建华，惠祥海，等，2010. 几种药剂防治葡萄短须螨试验研究[J]. 山东林业科技，40（1）：39-40.
温源，张亚光，武应鹏，等，2019. 梨树苹毛丽金龟和蚜虫的生物药剂防治试验[J]. 落叶果树，51（3）：43-45.
吴琼梅，2010. 啶虫脒、噻虫嗪和螺虫乙酯防治茶黑刺粉虱田间药效试验[J]. 安徽农学通报（上半月刊），16（19）：106-107.
仵均祥，李照会，原国辉，等，2018. 农业昆虫学 [M]. 3版. 北京：中国农业出版社.
谢以泽，陈建灿，盛仙俏，等，2006. 葡萄病虫原色图谱[M]. 杭州：浙江科学技术出版社.
许永娟，许晓娟，2019. 日本双棘长蠹危害及综合防治[J]. 陕西林业科技，47（5）：118-120.
闫文涛，张怀江，岳强，等，2021. 梨园康氏粉蚧的诊断与防治实用技术[J]. 果树实用技术与信息（4）：32-34.
杨华，何伟，崔元玗，等，2016. 西花蓟马在新疆设施蔬菜种植区的发生与分布[J]. 新疆农业科学，53（1）：38-42.
杨群芳，植玉容，巫超莲，等，2007. 葡萄光滑足距小蠹生物学特性观察及防治[J]. 安徽农业科学（22）：6 860-6 861.
杨群芳，植玉蓉，李庆，等，2009. 光滑足距小蠹雌成虫侵入孔的空间分布[J]. 植物保护，35（1）：42-46.
杨群芳，植玉蓉，谢旭阳，等，2008. 3种杀虫剂喷雾和涂干法防治葡萄光滑足距小蠹[J]. 植物保护（2）：141-144.
杨挺，巫维，张飒，等，2016. 不同粘虫板防治葡萄蓟马试验初报[J]. 四川农业科技（2）：38-42.
易金全，2015. 5种杀虫剂对葡萄十星叶甲的防治效果[J]. 植物医生，28（4）：41-42.
余金咏，赵春明，周金花，2013. 10色板对鲜食葡萄3种主要害虫的诱捕效果[J]. 天津农业科学，19（2）：38-41.
袁克，杜国兴，2007. 进口木材小蠹虫鉴定图谱[M]. 上海：上海科学技术出版社.
张博，马罡，张薇，等，2018. 北美葡萄园胡蜂防治方法概况[J]. 中国果树（6）：111-113.
张东光，付晓颖，2013. 葡萄天蛾在吉林松原地区的发生与防治[J]. 北方园艺（1）：200.
张广学，1999. 西北农林蚜虫志　昆虫纲同翅目蚜虫类[M]. 北京：中国环境科学出版社.
张华普，张怡，马成斌，等，2021. 斑衣蜡蝉在葡萄上的危害及防治措施[J]. 中外葡萄与葡萄酒（2）：26-29，33.
张怀江，周增强，闫文涛，等，2020. 葡萄病虫害绿色防控彩色图谱[M]. 北京：中国农业出版社.
张同心，郑金土，崔俊霞，2010. 葡萄天蛾生物学特性及防治技术[J]. 中国果树（2）：71.
张薇，马罡，张博，等，2019. 为害葡萄的金龟子类害虫信息素及其在防控技术中的应用[J]. 山西果树（1）：11-16.
张艺馨，姜义平，郭洁，等，2022. 斑翅果蝇诱剂室内筛选[J/OL]. 植物检疫，36（2）：15-18.
张治科，吴圣勇，雷仲仁，等，2018. 宁夏辣椒花期西花蓟马的空间分布特征研究[J]. 西北农林科技大学学报（自然科学版），46（3）：142-147.
赵化奇，贺春玲，2000. 日本双棘长蠹的新寄主及其生活习性[J]. 昆虫知识（5）：293-294.
赵严港，刘升基，邹瑞红，2020. 甜菜夜蛾在葡萄园的危害特点与防治[J]. 烟台果树（1）：45-46.
郑霞林，杨永鹏，2009. 葡萄十星叶甲的为害及无公害防治[J]. 科学种养（9）：28.
郑重禄，2009. 桔小实蝇的综合治理[J]. 中国南方果树，38（3）：71-74.
中国植物保护研究所，中国植物保护协会，2014. 中国农作物病虫害[M]. 3版. 北京：中国农业出版社.
周天跃，王少山，屈荷丽，等，2017. 新疆葡萄新害虫——绿长突叶蝉主要生物学特性[J]. 生物安全学报，26（1）：58-62.
朱弘复，王林瑶，1997. 中国动物志　昆虫纲　第十一卷　鳞翅目　天蛾科[M]. 北京：科学出版社.
COSTA E M，GODOY M S，ARAUJO E L，et al.，2013. First report of the infestation of Azadirachta indica A. Juss BY Aonidiella orientalis（Newstead）（Hemiptera：Diaspididae）IN BRAZIL[J]. Bioscience Journal，29（5）：1 441-1 445.
ELDER R J，SMITH D，1995. Mass rearing of aonidiella-orientalis（newstead）（hemiptera，diaspididae）on butternut gramma[J]. Journal of the Australian Entomological Society，34：253-254.
MOHAMED G S，2021. The intra-guild interactions between Aphytis lingnanensis and Chilocorus bipustulatus in relation to the Oriental yellow scale insect population under field conditions[J]. Archives of Phytopathology and Plant Protection，54（15-16）：1 047-1 063.
PADMANABAN B，DANIEL M，JOSE C T，1997. A non-destructive method to estimate surface area of areca fruit for entomological studies[J]. Journal of Plantation Crops，25（1）：103-105.
RAJAGOPAL D，KRISHNAMOORTHY A，1996. Bionomics and management of oriental yellow scale，Aonidiella orientalis（Newstead）（Homoptera：Diaspididae）：an over view[J]. Agricultural Reviews（Karnal），17（3/4）：139-146.
WANG J，XU L，LI G，et al.，2013. Scale insects on rubber trees in Xishuangbanna[J]. Plant Protection，39（4）：129-133.